助力乡村振兴
出版计划

【现代养殖业实用技术系列】

鹅
优质高效
养殖技术

主　　编　任　曼

副 主 编　胡倩倩

编写人员　叶鹏飞　李小金　李升和　赵春芳

U0396080

APPTIME
时代出版

时代出版传媒股份有限公司
安徽科学技术出版社

图书在版编目(CIP)数据

鹅优质高效养殖技术 / 任曼主编. --合肥:安徽科学技术出版社,2021.12(2022.7 重印)

助力乡村振兴出版计划. 现代养殖业实用技术系列

ISBN 978-7-5337-8538-3

Ⅰ.①鹅… Ⅱ.①任… Ⅲ.①鹅-饲养管理 Ⅳ.①S835.4

中国版本图书馆 CIP 数据核字(2021)第 262947 号

鹅优质高效养殖技术　　　　　　　　　　　　　　　主编　任　曼

出 版 人:丁凌云　　　　　　　选题策划:丁凌云　蒋贤骏　陶善勇

责任编辑:王　霄　程羽君　　　责任校对:李　茜　　责任印制:廖小青

装帧设计:冯　劲

出版发行:安徽科学技术出版社　　　　　http://www.ahstp.net

(合肥市政务文化新区翡翠路 1118 号出版传媒广场,邮编:230071)

电话:(0551)63533330

印　　制:合肥华云印务有限责任公司　　　电话:(0551)63418899

(如发现印装质量问题,影响阅读,请与印刷厂商联系调换)

开本:720×1010　1/16　　　　印张:11.5　　　　字数:160 千

版次:2022 年 7 月第 2 次印刷

ISBN 978-7-5337-8538-3　　　　　　　　　　　　定价:35.00 元

出版说明

　　"助力乡村振兴出版计划"(以下简称"本计划")以习近平新时代中国特色社会主义思想为指导,是在全国脱贫攻坚目标任务完成并向全面推进乡村振兴转进的重要历史时刻,由中共安徽省委宣传部主持实施的一项重点出版项目。

　　本计划以服务区域乡村振兴事业为出版定位,围绕乡村产业振兴、人才振兴、文化振兴、生态振兴和组织振兴展开,由《现代种植业实用技术》《现代养殖业实用技术》《新型农民职业技能提升》《现代农业科技与管理》《现代乡村社会治理》五个子系列组成,主要内容涵盖特色养殖业和疾病防控技术、特色种植业及病虫害绿色防控技术、集体经济发展、休闲农业和乡村旅游融合发展、新型农业经营主体培育、农村环境生态化治理、农村基层党建等。选题组织力求满足乡村振兴实务需求,编写内容努力做到通俗易懂。

　　本计划的呈现形式是以图书为主的融媒体出版物。图书的主要读者对象是新型农民、县乡村基层干部、"三农"工作者。为扩大传播面、提高传播效率,与图书出版同步,配套制作了部分精品音视频,在每册图书封底放置二维码,供扫码使用,以适应广大农民朋友的移动阅读需求。

　　本计划的编写和出版,代表了当前农业科研成果转化和普及的新进展,凝聚了乡村社会治理研究者和实务者的集体智慧,在此谨向有关单位和个人致以衷心的感谢!

　　虽然我们始终秉持高水平策划、高质量编写的精品出版理念,但因水平所限仍会有诸多不足和错漏之处,敬请广大读者提出宝贵意见和建议,以便修订再版时改正。

本册编写说明

　　近年来,我国养鹅业发展迅速,据国家水禽产业技术体系调查,当前我国鹅的年出栏量约5亿只,占全世界养鹅总量的90%,养鹅业已成为我国畜牧业生产中的重要组成部分。但是,我国鹅产业发展中缺乏系统的介绍鹅高效养殖技术系列丛书,众多养殖户缺乏实际参考。本书总结了当前我国鹅业养殖技术,涵盖了鹅的生活习性和繁殖特点,为广大鹅业养殖人员提供系统的参考。

　　本书中第一章和第四章由任曼副教授编写,第二章和第六章由叶鹏飞博士编写,第三章由赵春芳博士编写,第五章由李小金博士编写,第七章由胡倩倩副教授编写,李升和教授与任曼副教授对全文进行了修改和校对。本书系统地分析了我国鹅业概况、鹅场的规划设计与环境安全建设、鹅品种介绍与种业安全控制、鹅的营养与饲料、鹅养殖模式介绍、鹅的饲养管理及鹅病防治等方面的内容。本书围绕鹅的科学繁育、饲养管理及疾病防治,全面、具体地介绍了科学养鹅技术和方法,有较强的科学性、实用性和可操作性,可供广大从事养鹅和鹅病防治工作的人员参考。

　　本书中使用了多位同行专家、学者和养殖者提供的图片,在此表示感谢!

目　录

第一章 概 述

第一节 鹅的生物学习性

鹅是草食性动物,盲肠发达,消化能力强,并且体质健壮,具有比较强的抗病能力,作为食物备受消费者的喜爱。养鹅造成的饲养污染比较小。鹅具有以下生物学习性。

一 喜水性

鹅是一种水禽,每天会有1/3的时间在水中,并习惯在水中嬉戏、觅食、求偶和交配等。因而饲养场应该建在水源良好、水域宽阔的地方,例如沟、湖、河等流动水域,以方便鹅进行各种活动。

二 合群性

鹅有很强的合群性,比如,在行走时习惯排列成整齐的队形,在固定的区域中觅食。若有个别鹅不慎离群独处,便会发出高声鸣叫,以寻求同伴的回应,并得以归群。正是因为鹅具有这种合群性,所以鹅群十分便于管理。

三 草食性

鹅属于草食性家禽,觅食活动强,其饲料主要以植物性饲料为主,可

1

以食用大量天然的植物性饲料,每天可消耗约2千克的青草,雏鹅1日龄时即可开始采食青草。条件允许的饲养场应该尽量采取放牧的饲养方式。若因条件限制,仅能舍内圈养,在喂养时更应注意给鹅群供应优质的牧草,采用精料和草料相结合的方式饲喂。采取放牧的饲养方式时,也要对放牧时长、强度等进行适当的控制,在降低实际饲养成本的同时,更要注重促进鹅群生长发育,并且能够达到理想的育肥效果。

四 耐寒性

成年鹅具有很强的耐寒性,即使在寒冷的冬季也可下水游泳,还可露天过夜。这是因为鹅的羽绒十分厚实、严密,而且服帖,具有很好的隔热保温效果。另外,鹅习惯用喙梳理羽毛,在梳理羽毛时会对尾脂腺造成压迫,挤出的分泌物会涂在羽毛的表面,使羽毛具有防水的特性,从而更增强其防寒性。除此之外,鹅的皮下脂肪比较厚,也在一定程度上增强了鹅的耐寒性。

五 警觉性

鹅的警觉性很强,它们具有敏锐的听觉,且反应迅速。鹅的叫声响亮,当鹅受到陌生人或其他动物威胁时会高声鸣叫以警告对方。有的鹅还具有很强的攻击性,面对威胁时,会用喙击,用翅扑击。这种特性可以很好地保护自己及鹅群。因此,公鹅常会看护鹅舍,以防其他动物(如老鼠、猫等)进入舍内。但是,在鹅的饲养过程中也要注意,尽量避免鹅群频繁受到惊吓,以免产生应激反应,影响鹅的生长发育和育肥效果。

六 夜间产蛋性

母鹅习惯在夜间产蛋,母鹅通常会在将要产蛋的前半个小时进入产蛋窝准备产蛋,产蛋完毕后休息片刻即离开,不会在产蛋窝长时间休

息。一般母鹅有一定的恋蛋性,当产蛋窝被占用时,部分母鹅的产蛋时间会推迟,这会影响母鹅的正常产蛋。因此,鹅舍内的产蛋窝要充足,且要勤换垫草,以保持产蛋窝的干燥、清爽。

七　生活规律性

鹅具有很好的生活规律,条件反射能力强,每日的活动有极强的规律性。鹅群的交配、采食、洗羽、休息和产蛋等活动都有固定的时间,而且这些活动都在放牧时相对稳定地循环出现,这种生活规律一旦形成就不会轻易改变。如当母鹅原来的产蛋窝被移动后,母鹅通常会出现不产蛋或随地产蛋的现象,会极大影响母鹅产蛋率。这就要求在进行饲养时,要严格遵循饲养管理程序,不可轻易改变。

▶ 第二节　鹅的繁殖特点与养殖季节

鹅是季节性繁殖动物,一般每年9月份到次年4月份为母鹅的产蛋期。种鹅在繁殖期内,外观表现为羽毛光洁、身体发育良好。母鹅接受交配、产蛋;公鹅性欲旺盛,交配频繁。在繁殖季节内,受精率呈现周期性的变化。一般繁殖季节的初期和末期受精率较低,产蛋中期产蛋率高时,受精率也高。

就巢性,即母鹅产蛋后停产抱窝的特性。中国农民在长期养殖中人工选择(自然孵化)出就巢性较强的鹅,分布于江苏、浙江、安徽的"四季鹅"就是这种选择的典型品种类型。

鹅会固定配偶交配。家鹅遵循了它的祖先"一夫一妻制"的习性,但不是绝对的,规模化、集约化养鹅可能会改变这种单配偶习惯。

利用年限长的鹅在前3年产蛋量随年龄的增长而逐年提高,到第三

年达到最高,第四年开始下降。种母鹅的经济利用年限为4~5年,种鹅群以2~3岁的鹅为主组群较为理想。

繁殖规律与光照周期有密切的关系。广东鹅属于短光照品种,豁眼鹅属于长光照品种。利用这个特性,保持科学的光照周期可以实现种鹅反季节繁殖。

繁殖性能低的表现:性成熟较晚,6~8月龄或9~10月龄才性成熟;产蛋量较低,每只鹅产蛋25~40枚或50~80枚;受精率和孵化率偏低,为60%~80%;不育现象普遍,尤其是公鹅,交配器官短、细、软,交配能力弱,授精力差。

鹅的留种时间对其产蛋量有明显影响,大部分地区12月份至次年2月份间留种较适宜,1—2月份留种最佳。北方地区最佳留种时间应在4月份左右。广西、广东等地在3—4月份留种较为适宜。

第二章 鹅场的规划设计与环境安全建设

第一节 场址选择

鹅场的建设首先要根据鹅场的性质和任务以及所要达到的目标正确选择场址。所谓选择场址,就是在场址决定前对拟建场地做好调查研究工作,主要包括自然条件和社会条件,应考虑到场址的前期环境要求(如空气质量、地势及土质情况、防疫条件等因素)以及其他具体要求等。场址的选择是否科学合理,对鹅场的建设投资、鹅群的生产性能及健康水平、生产成本及效益、场内及周围的环境卫生的控制等都会产生深远的影响。

一 鹅场建设前需了解的基本内容

1.建场计划

根据鹅场的发展计划,确定经营的鹅种、经济用途及规模。计划中应考虑是一次建成还是分步实施,还要考虑鹅场面积、地势、地形,以及是否有发展空间来决定各区分布及建筑物之间的联系,甚至需要考虑各个细微环节,如分区间隔方式是采取围墙、灌木绿篱、铁丝网,还是隔离沟。

2.融资方案

根据生产规模及建筑要求,估算出固定资产投入资金需求额。在资金不充足的情况下,需制订鹅场融资方案,列出鹅场建设过程中所需要的资金数额、资金来源、资金需求的时间性、资金用途。

3.财务分析

制订资金需求计划,初步估算鹅场建筑需要固定资产投资和流动资金投入情况,并制订偿还贷款计划。

4.产品与研发

确定鹅场饲养品种及经济用途,确定经营方式(自繁自养或直接外购)、产品上市特点(均衡供应或分批上市)。根据区域性社会经济、自然生态条件及鹅产品消费习惯研究与开发新产品,使其技术含金量高。同时,鹅场需寻求技术开发依托,如高等院校、科研院所等,采取适宜的合作方式来开发新产品或新服务。

二 建场程序及依据

1.建场程序

首先,应进行鹅场建设的前期市场调研和可行性论证;其次,依据鹅场建设的规模设计鹅场的布局;再次,选择有利地形按照建设规划和布局建设鹅场;最后,完善鹅场辅助性设施建设。

2.建场依据

建场应遵循国家相关的法律、法规、标准,主要有《中华人民共和国动物防疫法》《中华人民共和国畜牧法》《畜禽场环境质量标准》(NY/T 388)、《农产品安全质量 无公害畜禽肉产地环境要求》(GB/T 18407.3)、《大气污染物综合排放标准》(GB 16297)等。需要按其有关要求做好鹅场建设。

三 环境要求

1.鹅场环境卫生质量要求

规模较大的鹅场分为生活办公区、生产区和污物处理区三个功能区。鹅场净道和污道应分开,以防止疾病传播。鹅舍墙体坚固,内墙壁表面平整、光滑,墙面不易脱落,耐磨损,耐腐蚀,不含有毒有害物质。舍内建筑结构应利于通风换气,并具有防鼠、防虫和防鸟设施。鹅场周边环境、鹅舍内空气质量应符合国家农业行业标准。

2.鹅场的土质要求

土壤的透气性、透水性、吸湿性、毛细管特征、抗压性,以及土壤中的化学成分等,不仅直接影响鹅场场区的空气、水质和植被的化学成分及生长状态,还可影响土壤的净化作用。适合建立鹅场的土壤应该具备透气、透水性强,毛细管作用弱,导热性弱,质地均匀,抗压性强等特性。因此,从环境卫生学角度看,选择在沙壤土上建场较为理想。然而,在一定的地区内建场,由于客观条件的限制,选择最理想的土壤这一条件不一定能够实现,这就要求人们在鹅舍的设计、施工、使用和其他日常管理上,设法弥补当地土壤的缺陷。

3.鹅场绿化

应选择种植适合在当地生长、对人畜无害的花草树木,绿化率不低于30%。树木与建筑物外墙、围墙、道路边缘,及排水明沟边缘的距离应不小于1米。种植业的农产品为养鹅提供饲料来源,鹅粪可作为农作物的肥料,实现了种养结合的生态养殖模式。

四 鹅场场址选择的具体要求

1.隔离条件良好

鹅场周围3千米内应无大型化工厂、矿场,2千米以内无屠宰场、肉品

加工厂、其他畜牧场等污染源。鹅场距离干线公路、学校、医院、乡镇居民区等设施至少1千米,距离村庄至少100米。鹅场不允许建在饮用水源的上游或食品厂的上风向。

2. 水源充足,水活、浪小

鹅的日常活动与水有密切关系,洗澡、交配都离不开水。水上运动场是完整鹅舍的重要组成部分之一,所以,养鹅的用水量特别大,要有廉价的自然水源,才能降低饲养成本。选择场址时,水源充足是首要条件,即使是干旱的季节,也不能断水。通常将鹅舍建在河湖之滨,水面尽量宽阔,水活、浪小,水深为1～2米。不应选择河流交通要道的主航道,以免干扰源过多,引起鹅群应激。鹅场内最好建有深井,以保证水源和水质。

3. 交通方便,不紧靠码头

鹅场的产品、饲料及各种物资的进出所需的运输费用相当大,因此要选在交通方便的地方建场,尽可能距离主要集散地近一些,以降低运输费用。但是,不能在车站、码头或交通要道(公路或铁路)的附近建场,防止给防疫工作造成麻烦,而且这些地方的环境不安静,也会影响产蛋。

4. 地势稍高,沙质壤土,排水良好

鹅场地势要稍高一些,且略向水面倾斜,最好有5°～10°的坡度,以利排水。土质以沙质壤土最适合,雨后易干燥,不宜在黏性过大的土上建造鹅场,以防雨后泥泞积水,尤其不能在排水不良的低洼地建场,以免雨季到来时,鹅舍被水淹没,造成损失。

除上述4个方面外,还有一些特殊情况也要予以关注。在沿海地区,要考虑台风的影响,经常遭受台风袭击的地方和夏季通风不良的山凹,不能建造鹅场。尚未通电或电源不稳定的地方不宜建场。此外,鹅场的排污、粪便废物的处理也要综合考虑,做好周密规划。

▶ 第二节　场区布局

一　鹅场的规划

鹅场通常分为生活办公区、生产区和污物处理区等功能区。生活办公区主要包括职工宿舍、食堂等生活设施和办公用房；生产区主要包括更衣消毒室、鹅舍、蛋库、饲料仓库等生产性设施；污物处理区主要包括腐尸池，以及符合环保要求的粪污处理设施等。

鹅场功能区必须分区规划，要从人禽保健的角度出发，以建立最佳生产联系和满足卫生防疫条件为目的来合理安排各区位置。要将生活办公区设在全场的上风向和地势较高处，并与生产区保持一定的距离。生产区即鹅饲养区，是鹅场的核心，应将它设在全场的中心地带，位于生活办公区的下风向或平行风向，而且要位于污物处理区的上风向。污物处理区应位于全场的下风向和地势最低处，与鹅舍要保持一定的间距，最好设置隔离屏障。

二　鹅场的布局

合理设计生产区内各种鹅舍建筑及设施的排列形式、朝向、间距和生产工艺的配套联系是鹅场建筑布局的基本任务。

1.排列

生产区建筑物的排列形式，应根据当地气候、场地地形地势、建筑物种类和数量而定，尽量做到合理、整齐、紧凑、美观。鹅舍一般横向（东西向）成排，纵向（南北向）呈列，这种排列方式称为"行列式"，即鹅舍应平行整齐呈梳状排列，不能相交。超过两栋的鹅舍的排列要根据场地形

状、鹅舍的数量和每栋鹅舍的长度,酌情布置为单列式、双列式或多列式。如果场地条件允许,则应尽量避免将鹅舍布置成横向狭长或纵向狭长状,因为狭长状布置势必造成饲料、粪污运输距离加大,饲养管理工作联系不便,道路、管线加长,建场投资增加。如将生产区按方形或近似方形布置,则可避免上述缺点。如果鹅舍按标准的行列式排列与鹅场地形地势、当地的气候条件、鹅舍的朝向选择等发生矛盾时,可以将鹅舍左右错开、上下错开排列,但仍要注意平行的原则,不要造成各舍相互交错。例如,当鹅舍长轴必须与夏季主风向垂直时,上风向鹅舍与下风向鹅舍可左右错开呈"品"字形排列,这就等于加大了鹅舍间距,有利于鹅舍的通风。若鹅舍长轴与夏季主风方向所成角度较小时,左右列可前后错开,即顺气流方向逐列后错开一定距离,也有利于通风。

2. 朝向

鹅舍的朝向应根据当地的地理位置、气候环境等来确定。适宜的朝向要满足鹅舍日照、温度和通风的要求。鹅舍建筑一般为矩形,其长轴方向的墙为纵墙,短轴方向的墙为山墙(端墙)。由于我国处在北半球,鹅舍应采取南向(即鹅舍长轴与纬线平行)。这样,冬季南墙及屋顶可最大限度地收集太阳光以利于防寒保温,有窗式或开放式鹅舍还可以利用进入鹅舍的直射光起一定的杀菌作用;而夏季则避免过多地接受太阳辐射,引起舍内温度升高。如果同时考虑当地地形、主风向以及其他条件的变化,南向鹅舍可做一些朝向上的调整,向东或向西偏转15°~30°。为了防暑,南方地区以向东偏转为好,而北方地区朝向偏转自由度可大一些。

传统的鹅舍需要设置陆上和水上运动场,所以,鹅舍之间必须有足够的间距。而完全舍饲的鹅舍,舍间间距必须认真考虑。鹅舍间距大小的确定主要考虑日照、通风、防疫、防火和节约用地等因素,必须根据当地地理位置、气候、场地的地形地势等。如果按日照要求,当南排舍高为

H时,要满足北排鹅舍的冬季日照要求,在北京地区,鹅舍间距约需2.5H,黑龙江的齐齐哈尔地区约需3.7H,江苏地区需1.5H~2H。若按防疫要求,间距为3H~5H即可。应根据鹅舍不同的通风方式来确定适宜间距,以满足通风要求。若鹅舍采用自然通风,间距取3H~5H既可满足下风向鹅舍的通风需要,又可满足卫生防疫的要求;如果采用横向机械通风,其间距也不应低于3H;若采用纵向机械通风,鹅舍间距可以适当缩小,1H~1.5H即可。鹅舍的防火间距取决于建筑物的材料、结构和使用特点,可参照我国建筑防火规范。若鹅舍建筑为砖墙、混凝土屋顶或木质屋顶并做吊顶,耐火等级为2级或3级,防火间距为8~10米(约3H)。

总的看来,鹅舍间距在3H~5H时,可以基本满足日照、通风、卫生防疫和防火等要求。

▶ 第三节　鹅舍建造

鹅舍建造的总要求是冬暖夏凉、阳光充足、空气流通、干燥防潮、经济耐用,同时要考虑建在拥有水源、地势较高而又有一定坡度的地方。鹅舍的设计要求有功能完备,操作合理;利于防疫,持续发展;结构坚固,经久耐用;节约能源,降低成本;便于舍内各项环境指标的控制。由于南北方气候差异比较明显,北方鹅场要求尽量做到防寒保温,窗户与地面比例较小,冬天仅在南侧开窗,且鹅舍建筑的高度要适当降低,墙体的厚度要增大,便于保温;南方则要求通风良好,能有效降低舍内的温度。

一 孵化厂建设要求

1.厂址选择

孵化厂要建在地势较高、交通方便、水电充足的地方,周围环境要清静优雅、空气新鲜(厂区周围最好绿树成荫)。孵化厂应是一个相对独立的场所,必须有利于卫生和疾病控制,离主要交通干线、市中心、居民区、水源地的距离在500米以上,同时考虑当地主导风向。更要远离震动较大、粉尘严重的工矿区和养禽场、屠宰厂、电镀厂、农药厂和化工厂等污染严重的企业,以防震伤胚胎,或使胚胎中毒,或感染疾病。

2.孵化厂的规划

孵化厂的规模应根据种鹅规模及未来发展计划而定,同时要充分调研商品肉鹅养殖的发展趋势和鹅苗的市场销售情况。应根据每批入孵种蛋的最高数量来确定出雏室、雏鹅存放室、贮蛋室、收蛋室、洗涤室、孵化车间等需要的面积,作为建厂的依据。

孵化厂应包含以下功能室:更衣室、淋浴室、蛋库、熏蒸室、值班室、配电室、孵化室、出雏室、冲洗室、发雏室等。各功能室应以种蛋的入库、消毒、存放、入孵、出雏、冲洗、发雏的顺序排列,以利于生产流程和卫生防疫工作的顺畅运行。孵化房中应特别注意脏区与净区之间的隔离。如设置隔离带,各通道之间应设置消毒池等。淋浴室的设置是非常必要的,这一点往往被许多厂家所忽视。蛋库的面积与种蛋数量应成一定的比例。

3.孵化厂的建设要求

屋顶要铺防水材料以防漏雨,最好下面再铺一层隔热保温材料。这样,夏季能有效防止室内高热;冬季便于保温,天花板不产生冷凝水滴。孵化厂的天花板、墙壁、地面最好用防火、防潮、便于冲洗和消毒的材料建造。地面和天花板的距离以3.4～3.8米为宜。地面要平整光洁,便于清洁卫生和消毒管理。在适当的地方设下水道,以便冲洗室内。

孵化室和出雏室最好是无柱结构,这样能使孵化机固定在合适的位置上,便于工作,也便于通风。孵化室应坐北朝南,应将门高设置为2.4米、宽设置为1.2～1.5米,以便于搬运种蛋和运送雏鹅出入。门以密封性好的推拉门为宜。窗应为长方形,要能随意开关。南面(向阳面)窗的面积可适当大一些,以利于采光和保温。窗的上下都要留活扇,以根据情况调节室内通风量,保持室内空气的清洁度。窗与地面的距离应为1.4～1.5米,北墙上部应留小窗,距地面1.7～1.9米。孵化室和出雏室之间应建移盘室,一方面便于移盘,另一方面能在孵化室和出雏室之间起到缓冲作用,便于孵化室的操作管理和卫生防疫。有的孵化室和出雏室仅一门之隔,且门又不密封,出雏室污浊的气体很容易污染孵化室。尤其是出雏时,将出雏车或出雏盘放在孵化室,更容易对孵化室造成严重污染。

安装孵化机时,孵化机之间的距离应在0.8米以上,孵化机与墙壁之间的距离应不小于1.1米(以不妨碍码盘和照蛋为原则),孵化器顶部距离天花板的高度应为1～1.5米。

4.孵化厂的通风换气系统

通风换气系统的设计和安装不仅要为室内提供新鲜空气和排出二氧化碳、硫化氢及其他有害气体,同时还要把温度和湿度协调好,不能顾此失彼。孵化流程上的各室最好单独通风,将废气排出室外。为减少空气污染,出雏室的废气排出之前,应先通过带有消毒剂的水箱后,再排出室外。否则,带菌的绒毛污染过的空气会散布到孵化车间和其他各处,造成大面积的严重污染。据试验,通过有消毒液的水箱过滤后,气体中99%的病原微生物可以被消灭,大幅度提高空气的洁净度,进而提高孵化率和雏鹅品质。

孵化厂的洗涤室内以负压通风为宜,其余各室均以正压通风为宜。

二 育雏舍建设

4周龄前的雏鹅绒毛稀少，体温调节能力差，故育雏舍要求温暖、干燥、空气新鲜且没有"贼风"，南北方的育雏鹅舍大致相同。舍内可设保温伞，伞下每平方米可容25～30只雏鹅。采光系数（窗户有效采光面积与舍内地面面积的比值）为1:（10～15），南窗应比北窗大一些，有利于保温、采光和通风。为防兽害，所有的窗户及下水道外出口应装有防兽网。每栋育雏舍的有效育雏面积以250～300平方米为宜。为了便于保温和饲养管理，育雏舍内应再分隔为若干小间或栏圈，每间的面积在25～30平方米。育雏舍地面最好用水泥或砖铺成，以便清洗和消毒。舍内地面应比舍外高20～30厘米，以便排水，保证舍内干燥。因为鹅早期的生长发育很快，1周龄体重可达成年体重的40%，因此，育雏密度在这一时期也要精心设计。采用地面平养时，1周龄雏鹅的饲养密度为15只/米²，2周龄为10只/米²，3周龄为7只/米²，4周龄为5只/米²；而网上平养的饲养密度可略增加一些。育雏舍的南向舍外可设雏鹅运动场，运动场应平整、略有坡度，以便雏鹅进行舍外活动及作为晴天无风时的舍外喂料场。运动场外侧设浅水池，水深20～25厘米，供幼雏戏水。

三 育成鹅舍建设

成鹅的生活力较强，对温度的要求不如雏鹅严格，而且鹅是耐寒不耐热的动物，所以育成鹅舍的建筑结构简单，基本要求是能遮挡风雨、夏季通风、冬季保温、室内干燥。

在南方，育成鹅舍采光系数比育雏舍大一些，窗口可以开得大一些。育成鹅舍内可分为几间，每间饲养育成鹅100～200只，面积按4～5只/米²计。这一时期是鹅长骨架、长肌肉、换羽且机体各个器官发育成熟的时期，鹅群需要相对多的运动和锻炼。因此，育成鹅舍应设有陆地运动场,面积为鹅舍的2~3倍,坡度一般为15°~30°,运动场同水面相连,随时可将鹅群放到水上运动场活动。水上运动场可以是天然无污染水域,也可以是人工水池。陆地和水上运动场的周围均需建围栏或围网,围高1~1.2米。

在北方,由于干燥缺水,冬季天气寒冷,因此多为旱养、半旱养的养殖模式,其建筑材质为轻钢结构、钢质屋顶和泡沫保暖建材,屋舍高度适当降低(北面墙窗户较少),且不需要水上运动场,仅需在舍外的运动场上放置料槽和饮水器。其他建筑设计要求与南方一致。

(四) 种鹅舍建设

种鹅舍对保温、通风和采光要求高,还需要补充一定的人工光照。在南方,种鹅舍窗与地面面积比要求为1:(10~12),南窗应尽可能大一些,离地60~70厘米以上大部分面积可做成窗,北窗可小一些,离地100~120厘米。舍内地面用水泥或砖铺成,并有适当坡度,饮水器置于较低处,并在其下面设置排水沟。较高处一端或一侧可设产蛋室、产蛋栏或产蛋箱,在地上铺垫较厚的塑料或稻草供产蛋之用。鹅舍面积按大型品种2~2.5只/米²、中小型品种3~3.5只/米²计。种鹅必须有水面供其洗浴、交配,因此也应建有陆地和水上运动场,其要求同育成鹅舍。水上运动场可以是天然的河流或池塘,也可以是人工水池,池深0.5~0.8米,池宽2~3米,用砖或石块砌壁,水泥抹面,墙面防止漏水。在水池和下水道连接处置一个沉淀井,在排水时可将泥沙、粪便等沉淀下来,以免堵塞排水管道。

在北方,种鹅舍的建设要求大体上与北方的育成鹅舍一致。种鹅舍应建在靠近水面、地势高且干燥之处,要求通风良好。

第三章

鹅品种介绍与种业安全控制

各个国家、各个地区提供的历史证据表明,家鹅起源于世界上不同地方的鸿雁和灰雁,它们在不同的历史时期经人类驯化成为家鹅。鹅在地球上分布范围很广,并且由于野生祖先的不同、自然生态条件的复杂多样、世界各地选育程度和利用目的的不同,经过劳动人民长期的选择和培育逐步形成了具有不同遗传特性和生产性能的地方品种。我国拥有国际上最丰富的鹅品种资源,此外,欧洲及高加索地区鹅品种资源分布也很广。

▶ 第一节　鹅种质资源概述

一　鹅品种分类

鹅品种的形成是自然选择和人工选择相结合的产物,养鹅的目的主要是获得好而多的鹅肉、鹅蛋、鹅肥肝、鹅绒等鹅产品。因此,根据养鹅生产发展的方向和鹅品种的利用情况,人们从不同角度对鹅的品种进行分类,把在不同的生态环境、社会经济条件下形成的鹅品种按照地理特性、经济用途、体形大小、羽毛颜色、产蛋性能等特征进行分类。

1.按地理特性分类

按照地理特性对鹅的品种进行分类,可以分为中国鹅、英国埃姆登鹅、埃及鹅、加拿大鹅、法国图卢兹鹅、东南欧鹅、德国鹅等,这仅是世界上部分国家鹅种中的一些代表品种,其性状具有一定的代表性。比如中国鹅就包括众多的地方品种,各品种均有自身的特点,但也有很多相似性状。

2.按经济用途分类

伴随着鹅养殖业的发展和人们选育水平的不断提高及人类对鹅产品多元化的追求不断提升,人们定向选育了一些优秀的专用品种。如法国的朗德鹅、图卢兹鹅,匈牙利的玛加尔鹅,意大利的奥拉斯白鹅等是进行鹅肥肝生产的专用品种,我国广东的狮头鹅、湖南的溆浦鹅也有一定的产肥肝潜力。专门的肉用鹅种,如德国的莱茵鹅、浙东白鹅等,具有早期生长速度快、料肉比高等优良特性。我国还有一些小型鹅种,如清远鹅、乌鬃鹅,具有肉质细嫩、鲜美的独特性状。我国的豁眼鹅、太湖鹅等品种是产蛋率高的鹅种。此外,我国的皖西白鹅是世界上羽绒质量非常好的品种,匈牙利的霍尔多巴吉鹅近年来作为专门的羽绒用鹅种的饲养量也很大。

3.按体形大小分类

按体形分类是目前最常用的分类方法。根据成年鹅的活重将鹅分为大型、中型、小型三类。小型品种鹅的公鹅体重为3.7~5.0千克,母鹅为3.1~4.0千克,如我国的太湖鹅、乌鬃鹅、永康灰鹅、豁眼鹅、籽鹅、伊犁鹅等。中型品种鹅的公鹅体重为5.1~6.5千克,母鹅为4.4~5.5千克,如我国的浙东白鹅、皖西白鹅、溆浦鹅、四川白鹅、雁鹅,德国的莱茵鹅等。大型品种鹅的公鹅体重为10~12千克,母鹅为6~10千克,如我国的狮头鹅,法国的图卢兹鹅、朗德鹅等。

4.按羽毛颜色分类

鹅的羽毛颜色相对鸡、鸭而言比较简单,按羽毛颜色不同主要分为白鹅和灰鹅两大类。我国北方以白鹅为主,南方灰、白品种均有,但白鹅

多数带有灰斑,有的同一品种中存在灰鹅、白鹅两系,如溆浦鹅。灰羽鹅有安徽的雁鹅,四川的钢鹅,广东的乌鬃鹅、阳江鹅、马岗鹅,浙江的永康鹅,福建的长乐鹅。白羽鹅有东北的籽鹅、豁眼鹅,江苏的太湖鹅,安徽的皖西白鹅,浙江的浙东白鹅,四川白鹅,河北的白鹅。国外鹅品种以灰鹅占多数,如朗德鹅、图卢兹鹅。有的品种,如丽佳鹅,苗鹅呈灰色,长大后逐渐转为白色。莱茵鹅的苗鹅出生时羽色也不统一,呈灰黄色或乳黄色带灰色斑块,长大后羽毛转为白色。

5.按产蛋性能的高低分类

鹅的产蛋性能差异很大,不同品种鹅的年产蛋量高低不同。高产品种年产蛋高达150枚,甚至200枚,如豁眼鹅;中产品种年产蛋60～80枚,如太湖鹅、雁鹅、四川白鹅等;低产品种年产蛋25～40枚,如我国的狮头鹅、浙东白鹅、皖西白鹅等,法国的图卢兹鹅、朗德鹅等。

6.按性成熟早晚分类

鹅的品种不同,性成熟早晚差异很大,根据鹅的性成熟日龄可将鹅分为早熟型、中熟型和晚熟型。早熟型鹅开产期在130日龄左右,大部分小型鹅种和部分中型鹅种属于早熟型;中熟型开产期在150～180日龄,大部分中型鹅种属于中熟型;晚熟型开产期在200日龄以上,如大型鹅种。由此可见,性成熟与体形呈一定的相关性,一般体形大的鹅种性成熟晚一些,体形小的鹅种性成熟早一些。同类体形的鹅种的性成熟期也会因所处环境的温度、光照而表现出一定的差异。

(二) 现代鹅业中鹅种资源的特点

现代鹅业生产中使用的鹅种资源因养殖和消费习惯不同,鹅种资源分布有很大差异,国外以肥肝、鹅肉消费为主,因此饲养的鹅种一般属于大型、耐填饲的品种,而我国的本土鹅种绝大多数起源于鸿雁,颈部较细,不耐填饲,一般作肉用或蛋用。

1.我国鹅种资源的来源及利用特点

目前在我国,鹅的品种资源大体上可以分为三类:一是我国的地方品种资源,例如狮头鹅、四川白鹅、太湖鹅、浙东白鹅、豁眼鹅、皖西白鹅、溆浦鹅、雁鹅等优良品种;二是国内经过多年的改良和驯化形成的育成品种,例如扬州鹅、天府肉鹅等优良品种;三是从国外引入的品种,例如朗德鹅、莱茵鹅、图卢兹鹅、埃姆登鹅、霍尔多巴吉鹅等优良品种。不同来源的种鹅在生产中所起的作用和使用方向不同。

(1)种源直接进行商品生产。不管是引进良种还是地方良种,它们要么具有较高的生产性能,要么在某一方面有突出的生产用途,或者对当地自然条件及饲养管理条件有良好的适应性,都具备较高的经济价值,都是劳动人民长期驯化、选择、培育的结果,均可直接用于生产鹅产品。目前,我国直接用于生产的鹅种资源主要是地方良种,即在地方良种群体内开展纯种繁育,通过继代选育技术选留种鹅,繁殖的后代或产蛋或肉用。

(2)作为杂种优势利用的杂交亲本。地方品种或引进品种均可用于经济杂交的亲本。经过品种群内的选优和提纯,选留出杂交亲本核心群,通过配合力测定,选出最优的杂交配套组合。一般地方品种较适宜作母本,一般培育品种或外来品种较适宜作父本,利用其后代的杂种优势进行商品生产。一般情况下,大、中型品种具有生长速度较快、饲料转化率高等特点,但繁殖性能往往较低、肉质较差,而中、小型鹅种则相反,即生长速度慢、饲料转化率低,但繁殖性能高、肉质好。因此,在生产实践中多以大、中型鹅种作经济杂交的父本,中、小型品种作为母本进行二元杂交。我国在商品鹅生产中也开展了一些三元杂交,但推广比例较低,也有少数引进品种按照四系配套的经典模式进行配套杂交生产。

(3)作为培育新品种、新品系的素材。在培育新品种、新品系种群时,经常需要综合两个或两个以上的种群特点,即把原来不在一个个体

的性状通过杂交组合到一个个体中来,经过横交固定优秀的性状组合,再通过扩繁使优秀性状在群体中蔓延,则现有种群作为育种素材可以培育出新品系或新品种。另外,无论是在什么用途的种群中,均可发现一些具有新变异性状的个体,通过有效的选种、选配手段,也可育成具有新特点的新品种、新品系。我国主要将引进的外来鹅品种作为杂交改良的父本,提高后代的生长速度或开发地方品种的生产潜力(如我国鹅肥肝生产)。把引进品种直接用于生产会加大种源费用,这样不划算。

2.我国鹅种资源的一般种质特点

(1)南北方不同品种鹅产蛋性能区别明显。鹅的产蛋性能呈现出北方的鹅产蛋多、南方的鹅产蛋少的特点。如吉林的籽鹅年产蛋量为120枚左右,山东的五龙鹅年产蛋量在110枚左右,江苏的太湖鹅年产蛋量约为70枚,而广东的狮头鹅等品种年产蛋量仅为28~35枚。南方鹅产蛋少是由产区人民对鹅的利用方式决定的,南方主要以吃鹅肉为主,在鹅的选育过程中不注重产蛋性能。南方的鹅一年中自然抱孵两窝,自繁自养,在过年、过节时被宰杀食用。

(2)北方鹅体形小,南方鹅体形大。我国地方鹅种的体形因气候、消费习惯、地方文化等不同而差别较大。如南方的狮头鹅成年体重在12千克左右,而东北的籽鹅只有约4.2千克。

(3)南方人喜欢养灰鹅,北方人喜欢养白鹅。白鹅产鹅绒性能好。北方以及长江中下游地区的养鹅产业会把产鹅绒作为重要的经济指标之一,而南方人养鹅则以吃肉为主。

▶ 第二节　我国的鹅品种

我国养鹅业历史悠久,饲养数量大,分布范围广,其品种资源丰富多样。目前,区分我国鹅品种类型主要有以下两个方面:一是起源于鸿雁的鹅种,国外统称为中国鹅,其中又分许多品(变)种;二是起源于灰雁、产于新疆的伊犁鹅。其中,中国鹅是世界上著名的鹅种之一,同时也属于欧亚大陆上的主要鹅品种,一度被很多国家引进饲养,并改良了当地品种。在国外有很多出名的鹅品种其血统都与中国鹅息息相关。据粗略调查,目前中国鹅已经帮助形成了20多个地方良种,其中被《中国家禽品种志》收录的就有12个以上,这些优良的地方品种不仅囊括了中国鹅的典型特性,还各自具备着独特的优良性状。以下是部分具有代表性的中国的地方优良鹅品种。

一 大型鹅的品种

所谓大型鹅种指的是体重大、生长速度快、具有很高的肥肝生产性能的鹅种,同时大型鹅种的主要特点是性成熟晚、就巢性强、产蛋量低、耗料多。我国的狮头鹅是我国,乃至亚洲唯一的大型鹅种。该品种主要适用于生产肥肝。"狮头鹅"这个名称源于其额部几乎覆盖于喙上发达的肉瘤,加之两颊又有1~2对肉瘤,形状酷似狮头。狮头鹅因其较大的体形、生长快速、较好的肥肝生产性能和高效的饲料利用率,经常被用于品种间的杂交配套。

狮头鹅

1.产区与分布

该大型鹅种原产于广东省的饶平县溪楼村,历史上产区人民一直有"赛大鹅"的习俗,经过历代选育形成了大型鹅种,现在在汕头市郊分布较广泛。澄海区建立了狮头鹅种鹅场,开展了系统的选育工作,已经育出了澄海系狮头鹅种。由于狮头鹅可以作为肉用仔鹅和肥肝鹅的杂交父本,所以分布范围较广,目前北京、上海、广西、黑龙江、辽宁、河北、陕西、山西、山东等地均有分布。

2.外貌特征

狮头鹅体躯硕大,呈方形,头大,颈粗短。头部黑色肉瘤发达,向前突出,覆盖于喙上;两颊有对称的肉瘤1~2对,公鹅头部肉瘤发达前倾,母鹅的肉瘤相对小而扁平,成年公鹅和2岁母鹅的头部肉瘤特征更加明显;颌下咽袋发达,一直延伸到颈部,形成"狮形头",故得名狮头鹅;上眼睑凸出,多呈黄色,虹彩褐色;胫粗壮,蹼宽大,胫、蹼为橙红色,有黑斑。羽毛颜色大部分似雁鹅,即全身背面羽毛、前胸羽毛和翼羽均为棕褐色,由头顶沿颈的背面形成鬃状的深褐色羽毛带,体侧、翼、尾羽有浅色镶边,腹部灰白或白色。狮头鹅的外貌特征见图3-1。

图3-1 狮头鹅

3.生产性能

生长速度与产肉性能:成年公鹅体重为10~12千克,最大可达19千克;母鹅体重为9~10千克,最大可达13千克。肉用仔鹅在40~70日龄增重最快,70~90日龄未经填肥的仔鹅平均体重为5.84千克,半净膛屠宰率约为82.9%,全净膛屠宰率约为72.3%。

产肥肝性能:狮头鹅具有良好的产肥肝性能。据测定,肥肝平均重为538克,最大肥肝重1 400克,肝料比为1:40。公鹅与其他品种的母鹅杂交,能明显提高仔鹅的产肉性能和产肥肝性能。

产蛋性能:母鹅开产日龄为160~180天,产区习惯把开产期控制在

220~250日龄。产蛋具有明显的季节性,产蛋季节为每年的9月份至翌年的4月份,每个产蛋季节分为3个产蛋期,每期产蛋6~10枚,蛋壳呈乳白色。第一个产蛋年平均产蛋20~24枚,平均蛋重为176.3克,蛋形指数为1.48;第二年以后年平均产蛋28枚,平均蛋重217.2克,蛋形指数为1.53。种蛋的受精率为70%~80%,受精蛋孵化率为85%~90%。

繁殖性能:种公鹅配种一般在200日龄以上,公母鹅配种比例为1:(5~6)。1岁母鹅产蛋受精率为69%,受精蛋孵化率为87%;2岁以上母鹅的产蛋受精率为79.2%,受精蛋孵化率为90%。母鹅就巢性很强,每产完一期蛋就巢一次。母鹅盛产期在2~4岁,可持续利用5~6年,公鹅可利用3~4年。

4.品种利用情况

(1)纯种繁育。在产区及周边地区主要进行纯种繁育与饲养,以鹅肉和肥肝为主要产品。我国人民对鹅肥肝尚没有形成消费习惯,但是欧洲许多鹅肥肝消费大国要靠进口维持。我国鹅肥肝生产的工艺技术已经初步成熟,有大量生产鹅肥肝的潜力,不久的将来会迎来狮头鹅大范围推广的局面。

(2)杂交利用。狮头鹅作为父本与中小型母鹅(如四川白鹅、豁眼鹅、太湖鹅等)杂交,杂交代的生长速度与产肥肝性能均显著高于母本纯繁后代。

二 中型鹅的品种

所谓中型鹅种是指体形中等、性成熟期中等、生长速度较快、产蛋性能中等或较高的鹅种。我国的中型鹅种分布范围较广,生产性能也不尽一致。

溆浦鹅

1. 产区与分布

溆浦鹅产于湖南省溆浦县溆水流域,以溆浦县近郊为中心产区,并以此扩散到怀化地区,与该县邻近的隆口、洞口、新化、安化等县均有分布。

2. 外貌特征

体形较大、略长,体质紧凑结实。公鹅体躯呈长方形,肉瘤发达,颈细长呈弓形,叫声清脆而洪亮,有较强的护群性。母鹅体形稍小,呈椭圆形,后躯丰满,腹部下垂,有腹褶,群体中约有20%的鹅有顶心毛。有灰、白2种羽色,白羽鹅约占60%,灰羽鹅约占40%。灰鹅的颈、背、尾部羽毛为灰褐色,腹部呈白色;喙黑色,肉瘤表面光滑,呈灰黑色;胫、蹼呈橘红色,虹彩呈蓝灰色。白鹅全身羽毛为白色,喙、肉瘤、胫、蹼呈橘黄色,虹彩呈蓝灰色。溆浦鹅的外貌特征见图3-2。

图3-2　溆浦鹅

3. 生产性能

生长速度与产肉性能:成年公鹅体重为6.0~6.5千克,母鹅体重为5~6千克,仔鹅60日龄体重为3.0~3.5千克,半净膛屠宰率在88%左右,全净膛屠宰率约80%。

产肥肝性能:溆浦鹅产肥肝性能优秀,在国内鹅种中位居第二,有生产特级肥肝的潜力,成年鹅填肥3周,肥肝平均重627克,最大肥肝重1 330克。肝料比为1:28,白色和灰色两种羽色的鹅产肥肝性能无差异。

产蛋性能:母鹅一般7月龄开产,产蛋季节集中在秋末和初春两期,每期可产蛋8~12个,一般年产蛋2~3期,年产蛋30枚左右;平均蛋重212.5克;蛋壳多为白色,少数为淡青色。

繁殖性能:公鹅5~6月龄具有交配能力,公、母鹅配种比例为1:(3~5),种蛋受精率约为96%,受精蛋孵化率为90%以上,一般母鹅可利用5~7年,公鹅可利用3~5年。

4.品种利用情况

淑浦鹅的特点是前期生长快、耗料少、觅食力强、适应性强,这些特点符合肉仔鹅生产的条件,纯种繁育生产仔鹅是产区的主要生产方式。由于淑浦鹅能生产优质肥肝,加之肥肝生产性能仅次于狮头鹅而位列第二,所以逐渐受到各地养鹅户的青睐。淑浦鹅既可以纯种繁育生产肥肝,也可以作为母本与朗德鹅或者狮头鹅杂交,提高肥肝产量。

雁鹅

1.产区与分布

雁鹅是我国灰色鹅种的代表,产于安徽省西部的六安地区,主要分布于霍邱、寿县、舒城、肥西等地。原产地的雁鹅逐渐向东南迁移,现在安徽的宣城、郎溪、广德一带和江苏西南的丘陵地区成了雁鹅新的饲养中心。人们通常称其为"灰色四季鹅"。

2.外貌特征

雁鹅体形中等,结构匀称,全身羽毛紧贴。头中等大小,圆形略方,前额有光滑的肉瘤,突起明显,颈细长呈弓形。公鹅体躯呈长方形,母鹅体躯呈蛋圆形,胸部丰满,前躯高抬,后躯发达,外形高昂挺拔。部分个体有咽袋和腹褶。成年鹅羽毛呈灰褐色或深褐色,颈的背侧有一条明显的灰褐色羽带,体躯从上往下羽色渐浅,腹部羽毛呈灰白色或白色,背、翼、

肩及腿羽均为银边羽,排列整齐。肉瘤、喙为黑色。肉瘤的边缘和喙的基部有半圈白羽。胫、蹼为橘黄色,爪为黑色。雁鹅的外貌特征见图3-3。

图3-3　雁鹅

3.生产性能

生长速度与产肉性能:成年公鹅体重为5.5～6.0千克,母鹅体重为4.7～5.2千克。70日龄上市的肉用仔鹅体重为3.5～4.0千克。半净膛屠宰率为84%,全净膛屠宰率为72%左右。

产蛋性能:母鹅一般8～9月龄开产,在饲养管理较好的条件下,母鹅一般控制在210～240日龄开产,年产蛋量为25～35枚,平均蛋重150克,蛋壳呈白色。雁鹅有就巢性,每产一定数量的蛋即进入就巢期而休产。一般是一个月产蛋,一个月孵化,一个月加料复壮,每个季节循环一次,因此雁鹅又被称为"四季鹅"。年产蛋量、蛋重逐年增加。

繁殖性能:公鹅4～5月龄有配种能力,其性行为表现有季节性,且公鹅对母鹅有选择性,公、母鹅配种比例一般为1:5,种蛋受精率在85%以上,受精蛋孵化率在70%～80%。母鹅一般可利用3年,公鹅一般可利用1～2年。

4.品种利用

雁鹅外形优美,生长快,群体发育整齐,肉用性能较好,纯种繁育生产肉用仔鹅。在安徽六安地区、江苏西南部生产规模比较集中。东北三省,尤其是黑龙江地区存栏量很高。

浙东白鹅

1.产区与分布

浙东白鹅主产区在浙江东部的奉化、象山、定海等地,其分布范围主要是鄞州、余姚、上虞、新昌等地。由于其一年四季都能产蛋和繁育,被当地群众喜称"四季鹅"。

2.外貌特征

浙东白鹅体躯呈长方形,前额肉瘤高突,随着年龄的增长肉瘤越来越明显,颌下无咽袋,颈细长。喙、颈、蹼在浙东白鹅年幼时为橘黄色,成年以后变为橘红色,肉瘤颜色略浅于喙的颜色。浙东白鹅趾相对高于其他中型鹅,公鹅在7.5厘米以上,母鹅在7.0厘米以上,显得体躯高大、灵活。成年公鹅昂首挺胸,鸣声洪亮,有较强的自卫能力,好追逐人;母鹅肉瘤较低,性情温驯,腹部宽大而下垂。雏鹅孵出时绒毛呈金黄色,体躯较宽,头大颈长,跖、蹼粗壮,眼圆有神,鸣声清脆,动作活泼,反应灵敏。成年鹅全身羽毛洁白,约有15%的个体在头部、背部夹杂少量斑点状灰褐色羽毛。浙东白鹅的外貌特征见图3-4。

图3-4 浙东白鹅

3.生产性能

生长速度与产肉性能:成年公鹅体重为4.5～5.0千克,母鹅体重为

4.0～4.5千克。70日龄仔鹅体重为4.0千克左右。半净膛屠宰率为81%，全净膛屠宰率在72%左右。

繁殖性能：公鹅4月龄达到性成熟，母鹅3月龄达到性成熟，配种产蛋在5月龄。母鹅每年有4个产蛋期，每期70天，产蛋8～13枚，每年可产蛋40枚左右，平均蛋重150克。选择自然交配，公、母鹅比例为1∶4；选择人工辅助交配，公、母鹅比例为1∶15，且受精率在90%以上。浙东白鹅利用期较长，公鹅可利用3～5年，以第2～3年最好，母鹅可利用10年，以第3～5年最好。

产羽绒性能：每只鹅产羽150克左右，羽绒率9%。

4.品种利用

浙东白鹅的主要优点是肉质好，早期生长速度快，在目前我国中型白羽鹅品种中生长速度最快，成年体重最大。肉鹅的可加工性强，是出产高等鹅肉产品的原料，其中白斩鹅、烤鹅一直是宁波等地消费者喜欢的传统佳肴。浙东白鹅最大的缺点是产蛋量少。浙江省农业部门成立了"宁波市浙东白鹅选育协作组"，在象山县种鹅场对浙东白鹅进行品种选育，现在该鹅的体形、外貌和生产性能都有不同程度的提高，其中，产蛋量高了4.7%，背长增加了11.6%，杂毛率下降了88.9%，个体间生产性能趋于一致，目前已经向全国推广。

皖西白鹅

1.产区与分布

皖西白鹅产于安徽省西部丘陵山区和河南省固始县一带，主要分布于安徽的霍邱、寿县、肥西、舒城、长丰等地以及河南的固始等地。

2.外貌特征

皖西白鹅体形中等，头中等大小，前额有发达而光滑的肉瘤。母鹅体躯呈蛋圆形，颈相对细短，腹部轻微下垂。公鹅肉瘤大而突出，颈粗长有力，呈弓形，体躯略长，胸部丰满，前躯高抬，全身羽毛洁白，喙和肉瘤呈橘黄色,胫、蹼呈橘红色。皖西白鹅中约有6%的个体颔下有咽袋,还有少数鹅头顶后部有球形羽束,即顶心毛。皖西白鹅的外貌特征见图3-5。

图3-5 皖西白鹅

3.生产性能

生长速度与产肉性能:成年公鹅体重为5.5～5.6千克,母鹅体重为5～6千克。在一般放牧条件下,60日龄仔鹅体重为3.0～3.5千克,90日龄可达4.5千克。8月龄放牧饲养和不催肥的鹅,半净膛和全净膛屠宰率分别为79%和72.8%。

产蛋性能:母鹅一般180天左右开产,但产区群众习惯于早春孵化,人为将开产期推迟到9～10月龄,所以母鹅多集中在每年的1～4月产蛋。一般母鹅分两期产蛋,61%的母鹅在1月产第一期蛋,65%的母鹅在4月产第二期蛋。平均年产蛋25枚,平均蛋重142克,蛋壳呈白色。有就巢性的母鹅相应抱孵2次,所以3月份和5月份是出雏高峰。没有就巢性的母鹅每年产蛋50枚左右,仅占群体的3%～4%,因为不符合当地自然孵化的繁殖习惯,限制了该鹅种的产蛋量,所以,多被淘汰。

繁殖性能:在自然交配的条件下,公、母鹅的配种比例为1:(4～5),种蛋受精率为88.7%;由专养的配种公鹅进行人工辅助配种时,公、母鹅配比为1:(8～10),种蛋受精率为91%。受精蛋孵化率为91%以上,健雏率可达97%。母鹅可利用4～5年,特别优秀者可利用7～8年,公鹅可利

用3～4年或更长。

产羽绒性能：皖西白鹅羽绒的产量高，质量优，羽绒洁白，以其羽绒的绒朵大而著称。3～4月龄仔鹅平均每只产羽绒270～280克，其中纯绒16～20克；8～9月龄鹅平均每只产羽绒350～400克，其中纯绒40～50克。

4.品种利用

皖西白鹅属于优良肉用鹅品种，是我国中型鹅中出色的鹅种之一。该品种鹅早期生长速度快、饲料耗费少、肉用性能好、羽绒品质优良等，不过产蛋量不是很高。皖西白鹅产羽绒性能好，绒朵大，羽绒洁白，是安徽省重要的出口物资，同时用皖西白鹅腌制加工的"腊鹅"是当地产区人民的传统美食。

近年来，有的养鹅基地引种皖西白鹅作为杂交组合的父本与中小型鹅杂交，提高仔鹅的生长速度，改善杂交代的羽绒性能。

四川白鹅

1.产区与分布

四川白鹅原产于四川省温江、乐山、宜宾、永川和达县等地，其分布范围主要在有平坝和丘陵的水稻产区，是四川及重庆市饲养量最大的鹅种，在山东、河南、江苏、黑龙江、辽宁、内蒙古等省区均有大量养殖。

2.外貌特征

四川白鹅全身羽毛洁白、紧密，喙、胫、蹼呈橘红色，眼睑为椭圆形，虹彩呈蓝灰色。成年公鹅体质结实，头颈较粗，体躯稍长，前额肉瘤呈半圆形，不发达；成年母鹅头部清秀，颈细长，肉瘤不明显。公、母鹅均无咽袋和皱褶。四川白鹅的外貌特征见图3-6。

图3-6　四川白鹅

3.生产性能

生长速度与产肉性能:成年公鹅体重为5.0～5.5千克,母鹅体重为4.5～4.9千克。四川白鹅平均出壳体重为71.1克,60日龄体重为2.5千克,90日龄体重为3.5千克。半净膛屠宰率公鹅约占86.28%,母鹅约占80.69%;全净膛屠宰率公鹅约占79.27%,母鹅约占73.10%。180日龄公鹅胸、腿肌重平均值为829.5克,占全净膛重的29.71%;母鹅平均为644.6克,占全净膛重的20.4%。

繁殖性能:四川白鹅公鹅性成熟期在180天左右,公鹅的配种年龄一般控制在240日龄以后。母鹅开产日龄为200～240天,产蛋旺季为每年的10月份至翌年的4月份,一般年产蛋量60～80枚,高产母鹅超过100枚,平均蛋重149.92克,蛋形指数1.45,蛋壳呈白色。母鹅基本上无就巢性。公、母鹅配种比例一般为1:(4～5),经过严格选择的优良公鹅,配种比例可扩大到1:(7～8)。受精率一般在85%左右,受精蛋孵化率为90%。育雏成活率为97.6%。种鹅利用年限为3～4年。

产肥肝和产羽绒性能:四川白鹅羽毛洁白,绒羽多,价值高。四川白鹅3月龄时羽绒生长已基本成熟,即可开始活体拔绒。据报道,四川白鹅种鹅育成期可拔绒3次,平均每只产羽绒198.66克,其中绒羽为46.83克,含绒率为23.57%;休产期拔毛3次,平均每只产羽绒236克,其中绒羽为

51.26克,含绒率为21.72%。同时,四川白鹅具有一定的产肝性能,经填肥后,平均肝重344克。

4.品种利用

四川白鹅繁殖性能好,产蛋量高,仔鹅生长速度快。因此,在产区或我国的重庆、湖北、河南、安徽、浙江、上海等省市引进时可以直接进行纯种繁育,进行肉仔鹅生产。

利用品种间可能产生的杂种优势提高产肉和繁殖性能,在现阶段是有效和可行的利用方案。近十年来,许多省区引种四川白鹅,其优良的产肉和繁殖性能得到普遍证实。与国内许多鹅种和国外大型鹅种的杂交试验结果表明,四川白鹅在经济杂交中作为母本的表现更好,在配套系中是理想的母系母本材料。

兴国灰鹅

1.产区与分布

兴国灰鹅是江西省兴国的传统养殖特色品种,养殖历史悠久,经过产区人民长期的选育,形成了以古龙岗为中心产区的棉花鹅和以龙潭为中心产区的石潭鹅。石潭鹅体形偏小,生长缓慢,在发展过程中逐渐被市场所淘汰。近些年来,以棉花鹅为基础选育扩群推广,使其成为产区及周边群众饲养的主要鹅种。

2.外貌特征

兴国灰鹅喙呈青色,头、颈、背部羽毛呈灰色,胸、腹部羽毛为灰白色,虹彩呈乌黑色。胫呈黄色,皮肤呈肉黄色。公鹅体躯较长,颈粗长,前胸挺起,性成熟后额前有黑色肉瘤突起,似半个乒乓球状,下颌无咽袋;母鹅体躯较圆,颈较细短,大多数有明显腹褶。兴国灰鹅的外貌特征见图3-7。

图3-7　兴国灰鹅

3.生产性能

生长速度与产肉性能:兴国灰鹅出壳重92克,75日龄公鹅体重达4.8千克,母鹅达4.5千克,平均日增重超过55克以上。成年鹅体重:公鹅5.07千克,母鹅4.67千克。半净膛屠宰率:公鹅81%,母鹅81.5%。全净膛屠宰率:公鹅68.8%,母鹅69.4%。

繁殖性能:公鹅性成熟日龄为150～180天,母鹅开产日龄为180～210天,年产蛋30～40枚,为季节性产蛋,一般10月份开始产蛋至翌年4月份,5—9月份为非繁殖季节。一般产10～12枚蛋时抱窝一次,每个产蛋年产蛋3期。平均蛋重149克,蛋形指数为1.42,蛋壳呈白色。公、母鹅自然交配性别比例为1:(5～6),种蛋率为80%,受精蛋孵化率为85%。

产羽绒性能:上市屠宰时可收集羽绒300克、绒羽30克左右。种鹅在休产期可活拔毛绒3次,每次获得不含毛片的毛绒30克;后备种鹅5—9月份也可以拔绒3次,每次获得毛绒30克左右。兴国灰鹅的头部、颈部、背部的羽毛为灰色,但胸、腹部羽毛为灰白色的质量较好。

4.品种利用

兴国灰鹅的青嘴、黄脚、瘤头、灰羽特征在南方很受消费者青睐,在主产区兴国县主要进行纯种繁育,每年向广东销售400万羽,年出栏900万羽以上。同时也引用狮头鹅、马岗鹅、清远鹅等与其杂交改良生产性能。

扬州鹅

1. 产区与分布

扬州鹅是由扬州大学联合当地几个部门共同选育的新品种。其基础群是太湖鹅，经多品种、多组合杂交，进行配合力测定，筛选最佳组合，进行自繁固定，经过五个世代历时十多年时间的选育，育成了遗传性能稳定、生产性能较高的新鹅种——扬州鹅。扬州鹅是目前我国首次利用国内种源为基础进行培育的优良鹅种。扬州鹅2002年8月已通过省级品种审定。扬州鹅主产于江苏省高邮市、仪征市及邗江区，在当地饲养较多，饲养效果较理想，目前已推广至江苏全省及上海、山东、安徽、河南、湖南、广西等地。扬州鹅是理想的中型鹅种，是由扬州大学畜牧兽医学院和扬州市农业局利用生长快、产蛋多、无就巢性的隆昌鹅与肉质好、产蛋多、无就巢性的太湖鹅及皖西白鹅进行杂交选育而成的。

2. 外貌特征

扬州鹅的头大小中等，头颈高昂；前额有半球形肉瘤，呈橘黄色；颈匀称、长短粗细适中；体躯方圆、体形紧凑；羽毛洁白、绒质较好，偶见眼梢或头顶或腰、背部有少量灰褐色的个体；喙、胫、蹼呈橘红色，眼睑呈淡黄色，虹彩呈灰蓝色；公鹅比母鹅体躯略大，体形雄壮，母鹅清秀，雏鹅全身呈乳黄色，喙、胫、蹼呈橘红色。扬州鹅的外貌特征见图3-8。

图3-8　扬州鹅

3.生产性能

生长速度与产肉性能:初生雏鹅平均体重为94克;70日龄鹅平均体重为3.45千克;成年公鹅平均体重为5.57千克,母鹅为4.17千克。70日龄公鹅平均半净膛屠宰率为77.3%,母鹅为76.5%;70日龄公鹅平均全净膛屠宰率为68%,母鹅为67.7%。

产蛋性能与繁殖性能:母鹅平均开产日龄为214~220天,平均年产蛋78枚,平均蛋重138~150克,蛋壳呈白色。公、母鹅配种比例1:(6~7),种蛋受精率为94%,孵化率为89%。公、母鹅利用年限为2~3年。

4.品种利用

新育成的扬州鹅耐粗饲,抗病能力强,仔鹅早期生长速度快,肉质鲜美,可以直接进行纯繁生产肉仔鹅,也可以作为肉仔鹅杂交配套的母本。

马岗鹅

1.产区与分布

马岗鹅产于广东省开平市,起源于该市马岗镇,分布于佛山、肇庆等地。

2.外貌特征

马岗鹅以乌头、乌喙、乌颈、乌脚为特征。公鹅体形较大,头大、颈粗、胸宽、背阔;母鹅体躯为瓦筒形,羽毛紧贴,背、翼基羽均为黑色,胸、腹羽淡白。初生雏鹅绒羽呈黑绿色,腹部为黄白色,胫、喙呈黑色。马岗鹅的外貌特征见图3-9。

图3-9　马岗鹅

3.生产性能

生长速度与产肉性能：在放牧饲养条件下，70日龄鹅体重为3.4～4千克；在舍饲条件下，70日龄鹅上市体重可达5千克。半净膛屠宰率为85%～88%，全净膛屠宰率为73%～76%。皮薄、肉嫩、脂肪含量适度，肉质上乘。

产蛋性能：母鹅140～150日龄开产。就巢性强，一年发生4次。每年有4个产蛋期，第一期为7—8月份，第二期为9—10月份，第三期为12月份至翌年1月份，第四期为2—4月份末。年产蛋35～40枚。平均蛋重为150克。

繁殖性能：公、母配种比例为1：7，种蛋受精率在85%左右，受精蛋孵化率在90%左右。

4.品种利用

马岗鹅是用杂交选育方法成功培育的新品种，具有体形大小适中等优点，很受广东群众（潮汕除外）和我国港澳市场的欢迎，出口量日益增加，目前是广东鹅最主要的品种。广东省饲养灰鹅的企业和饲养户饲养最多的品种是马岗鹅与其他灰鹅杂交的品种（统称马岗杂）。按消费地区不同，分别与本地灰鹅杂交，目的是既要增大体形，又要保持本地鹅种特有的特征，如马岗鹅×阳江鹅（适合阳江地区消费）、马岗鹅×乌鬃鹅（适合清远地区消费）。目前，珠三角、港澳消费的烧鹅90%用的是马岗（杂）鹅品种。马岗鹅换羽期羽绒采收技术已十分成熟，常年供应已不成问题，产业化程度较高。

（三）小型鹅的品种

小型鹅种具有体躯小、性成熟早、产蛋量高、肉质细嫩等优点。我国拥有世界上产蛋量最高的小型鹅种。

太湖鹅

1. 产区与分布

太湖鹅属于蛋肉兼用型品种,是世界上比较有名的一种小型高产品种。太湖鹅原产于长江三角洲的太湖地区,其主要分布范围包括浙江省杭嘉湖地区、上海市郊县和江苏省的大部分地区。

2. 外貌特征

太湖鹅体形小,体态高昂、优美,体质细致紧凑,全身羽毛洁白,前躯丰满而高抬。前额肉瘤明显,圆而光滑,呈淡姜黄色,颈细长呈弓形,无咽袋。从外表看,公、母鹅差异不大,公鹅体躯相对高大,常昂首展翅行走,叫声洪亮;母鹅肉瘤与公鹅比相对较小,喙也短一些,叫声较低。公、母鹅的喙、胫、蹼均呈橘红色。太湖鹅的外貌特征见图3-10。

图 3-10　太湖鹅

3. 生产性能

生长速度与产肉性能:太湖鹅主要用于生产肉用仔鹅,雏鹅出生平均重91.2克,70日龄即可上市,放牧条件下饲养,平均体重为2.25～2.5千克;关棚饲养,体重为2.9～3.4千克,料肉比为(2.5～4.5):1。70日龄仔鹅的半净膛屠宰率为78.6%,全净膛屠宰率为64%。成年公鹅体重为4.0～4.5千克,母鹅为3.50～4.25千克,半净膛屠宰率分别为84.75%和79.75%,全净膛屠宰率分别为75.64%和68.73%。

产蛋性能:太湖鹅的繁殖性能良好,可作为生产肉用仔鹅的母本。母鹅一般在150日龄开产,即3月孵化出的母鹅,当年9月份到翌年6月份为产蛋期,年产蛋60~70枚,高产鹅群年产蛋80~90枚,平均蛋重138克。蛋壳色泽较一致,蛋壳几乎全为白色。

繁殖性能:公、母鹅的配种比例为1:(6~7),种蛋受精率在90%以上,受精蛋孵化率在85%以上,母鹅就巢性差,因此太湖鹅的繁殖几乎全为人工孵化。种鹅停产后全部淘汰,即只利用一年。

羽绒性能:太湖鹅羽绒洁白如雪,轻软,弹性好,保暖性强,经济价值高,每只鹅可产羽绒200~250克。

4.品种利用

太湖鹅在江浙一带饲养的主要目的是生产商品肉仔鹅,该品种的仔鹅肉用性能好,由其加工而成的苏州的"糟鹅"、南京的"盐水鹅"都深受人们的喜爱。太湖鹅产蛋质高而集中,采用人工孵化能够在春季提供大量的苗鹅。同时太湖鹅是较好的杂交用母本,近年来为了提高仔鹅的生长速度和屠体品质,生产中用太湖鹅作为母本与其他鹅种杂交生产肉用仔鹅,如用皖西白鹅与太湖鹅杂交,杂交代68日龄体重可达3.65千克,料、肉比为2.04:1,全净膛屠宰率为72.5%,其肉用性能优于纯种太湖鹅。

豁眼鹅

1.产区与分布

豁眼鹅,又称五龙鹅、疤拉眼鹅、豁鹅,因两眼睑均有明显豁口而得名。原产于山东省莱阳地区,后来推广到东北三省,其分布范围主要有东北的辽宁昌图、吉林通化、黑龙江延寿县等地,现已被引入全国多个省区。近年来,新疆、广西、内蒙古、福建、安徽等地也先后引入了豁眼鹅品种。

2.外貌特征

豁眼鹅体形较小,体质细致紧凑。头较小,额前有光滑的肉瘤,眼呈三角形,上眼睑有一疤状豁口,为该品种独有的特征。颈长,呈弓形,前躯挺拔高抬。公鹅体较短,呈椭圆形;母鹅体稍长,呈长方形。山东的豁眼鹅颈较细长,腹部紧凑,只有少数鹅有腹褶且腹褶较小,少数鹅有咽袋。东北三省的豁眼鹅大多数有咽袋和腹褶。豁眼鹅全身羽毛洁白,喙、肉瘤、胫、蹼均呈橘红色。豁眼鹅的外貌特征见图3-11。

图3-11　豁眼鹅

3.生产性能

生长速度与产肉性能:成年公鹅体重为3.72～4.44千克,母鹅体重为3.12～3.82千克。90日龄仔鹅体重为3～4千克。上市仔鹅半净膛屠宰率为78.3%～81.2%,全净膛屠宰率为70.3%～72.6%。

产蛋性能:豁眼鹅的产蛋量是世界上最高的,故豁眼鹅可作为母本品系与生长快的中型鹅组成配套杂交组合。母鹅开产日龄在210～240日,在较好的饲养条件下,年产蛋130～160枚。如果盛夏防暑、严冬防寒、喂全价饲料,豁眼鹅可全年产蛋。半舍饲半放牧条件下,年产蛋80～100枚。平均蛋重118克,蛋壳呈白色,蛋形指数为1.44。

繁殖性能:豁眼鹅无就巢性,种蛋要进行人工孵化。公、母鹅配种比例为1:(5～7),种蛋受精率为85%左右,受精蛋孵化率为80%～85%,母鹅产蛋高峰在第2～3年,利用年限一般不超过3年。

产羽绒性能:豁眼鹅羽绒洁白,含绒量高,但绒絮稍短。成年公鹅一

次可活拔羽绒200克,母鹅一次可活拔羽绒150克,其中含绒量为30%左右。

4.品种利用

豁眼鹅以优良的产蛋性能著称,东北三省饲养豁眼鹅主要是蛋用。在肉用仔鹅的生产中,豁眼鹅是理想的母本品种,与国外的大型鹅种,如莱茵鹅、朗德鹅杂交,杂交代生长速度可大大提高,70日龄仔鹅体重在3 200克以上,料、肉比为2.9:1。

籽　鹅

1.产区与分布

籽鹅的主产区为黑龙江省绥北和松花江地区,其中肇东、肇源、肇州等地最多,黑龙江全省各地均有分布。因产蛋多,群众称其为"籽鹅"。

2.外貌特征

籽鹅体形较小、紧凑,略显长圆形。羽毛呈白色,一般头顶有缨,又叫顶心毛,颈细长,肉瘤较小,颌下偶有垂皮,即咽袋,但较小。喙、胫、蹼皆为橙黄色,虹彩为蓝灰色。腹部一般不下垂。籽鹅的外貌特征见图3-12。

图3-12　籽鹅

3.生产性能

生长速度与产肉性能:成年公鹅体重约4.5千克,母鹅约3.5千克。

60日龄公鹅体重约3.0千克,母鹅约2.8千克。70日龄仔鹅半净膛屠宰率为78.02%～80.19%,全净膛屠宰率为69.47%～71.30%。

产蛋性能:籽鹅一般年产蛋量在100～130枚,多的可达180枚,蛋壳呈白色。平均蛋重131.1克,最大的可达153克。蛋形指数为1.43。

繁殖性能:母鹅开产日龄为180～210天。公、母鹅配种比例为1:(5～7),籽鹅喜欢在水中交配,受精率在90%以上,受精蛋孵化率均在90%以上,高的可达98%。公鹅利用年限为3～4年,母鹅为4～5年。

4.品种利用

籽鹅历史悠久。经过多年的选优去劣,在黑龙江省特定的气候和饲养条件下,形成了产蛋能力强的地方品种。籽鹅可以纯种繁育生产鹅蛋,也可以作为肉仔鹅生产配套杂交的母本。

乌鬃鹅

1.产区与分布

乌鬃鹅属于肉用型鹅种,由于其颈背部有一条深褐色的鬃状羽毛带形似乌鬃而得名。乌鬃鹅原产于广东的清远县,主产区为清远县北江两岸的洲心、源潭、附城、江口等地。该品种在广东省颇受消费者喜爱,现已远销国内外。

2.外貌特征

乌鬃鹅头小、颈细、腿矮,结构紧凑。公鹅体形较大,呈榄核形,肉瘤发达,母鹅体形呈楔形。成年鹅羽毛从头顶部至颈背部,直至颈椎,有一条鬃状黑色羽带,颈部两侧的羽毛为白色,翼羽、肩羽、背羽和尾羽为黑色,羽毛末端有明显的棕褐色银边,故俯视时,乌鬃鹅呈乌棕色。在背部两侧,有一条起自肩部直至尾根的2厘米左右宽的白色羽毛带。胸羽呈灰白色,腹羽呈白色或灰白色。喙、肉瘤、胫、蹼均呈黑色。乌鬃鹅的外貌特征见图3-13。

图 3-13　乌鬃鹅

3.生产性能

生长速度与产肉性能:成年公鹅平均体重为3.42千克,母鹅平均体重为2.86千克。采用农家传统的饲养方法,70日龄鹅体重为2.5～2.7千克,90日龄鹅体重为2.85～3.25千克。半净膛屠宰率公鹅为87.4%,母鹅为87.5%,全净膛屠宰率公鹅为77.4%、母鹅为78.1%。

产蛋性能:母鹅20周龄开产,年产蛋4～5期,第一期产蛋在7—8月份,第二期在9—10月份,第三期11月份至翌年1月份,第四期在2—4月份,年产蛋约30枚,蛋重145克左右,蛋形指数为1.49,蛋壳呈白色。

繁殖性能:乌鬃鹅就巢性强,产一期蛋就巢一次,种蛋进行自然孵化。公鹅性欲很高,公、母鹅配种比例为1:(8～10),种鹅种蛋受精率为87.6%,孵化率为92.5%。

4.品种利用

乌鬃鹅具有体大、肉嫩、香味纯美等特点。在产区及周边地区主要用于纯种繁育和肉仔鹅生产,特别适合于粤派烤鹅使用,"正宗清远乌鬃鹅"是羊城、港澳地区烧鹅档的招牌菜。

酃县白鹅

1.产区与分布

酃县白鹅属于肉用型鹅种,主产区为湖南省炎陵县(旧称酃县)的沔渡和十都两镇,其分布范围主要是沔水和河漠水流域,另外,在与炎陵县相邻的资兴、桂东、茶陵和江西省的宁冈等地也有部分分布,其中莲花县出产的莲花申鹅与酃县白鹅属于同种。因炎陵县原称酃县,所以品种志上称其为"酃县白鹅"。

2.外貌特征

酃县白鹅属小型肉用鹅种,体躯小而紧凑。头中等大小,有较小的肉瘤,母鹅肉瘤扁平、不突出。颈中等长。体躯宽而长,胸部饱满,母鹅后躯发达,呈蛋圆形。全身羽毛呈白色。喙、肉瘤、胫、蹼呈橘红色,爪呈白玉色,皮肤呈黄色,少数个体下颌有咽袋,部分个体有腹褶。酃县白鹅的外貌特征见图3-14。

图3-14 酃县白鹅

3.生产性能

生长速度与产肉性能:雏鹅出壳体重近80克,30日龄体重可达1.24千克,60日龄体重为2.7千克,90日龄体重为3.8千克左右。成年鹅体重:公鹅为4.25千克,母鹅为4.1千克。180日龄屠宰率:半净膛,公鹅为84.2%,母鹅为84%;全净膛,公鹅为78.2%,母鹅为75.7%。

产蛋性能:母鹅开产日龄为160天,多在2月份至翌年4月份产蛋,分3~5个产蛋期,每期产蛋8~12枚于一个窝内,之后开始抱孵。全繁殖季节平均产蛋46枚,第一年产蛋平均重116.6克,第二年为146.6克。蛋壳呈白色,蛋形指数为1.49。

繁殖性能:种鹅就巢性强,种蛋自然孵化,公、母鹅配种比例为1:(2～4),种蛋受精率约为98.2%,孵化率为97.8%,鄱县白鹅利用年限一般为4～6年。

4.品种利用

主产区及周边地区养殖鄱县白鹅主要用于纯种繁育和肉仔鹅生产。

长乐鹅

1.产区与分布

长乐鹅产于福建省福州市长乐区的潭头、金峰、湖南、文岭4个镇,分布于闽侯、福州、福清、连江、闽清等地。

2.外貌特征

绝大多数鹅体羽毛为灰褐色,白鹅占5%左右。灰褐色羽的成年鹅,从头部至颈部的背面,有一条深褐色的羽带,与背、尾部的褐羽区相连,颈部内侧至胸、腹部呈灰白色或白色。公鹅肉瘤高大,稍带棱脊形;母鹅肉瘤小而扁平。喙呈黑色或黄色,肉瘤上有黑色斑或黄色带黑斑,胫、蹼呈橘黄色,虹彩呈褐色。长乐鹅的外貌特征见图3-15。

图3-15 长乐鹅

3.生产性能

生长速度与产肉性能:成年公鹅平均体重为4.38千克,母鹅平均体重为4.19千克。60日龄仔鹅平均体重为3.08千克,半净膛屠宰率为

81.78%，全净膛屠宰率为68.67%。

产蛋性能：母鹅开产日龄为210日龄，一般年产蛋2～4窝，年产蛋30～40枚，蛋重为153克，蛋壳呈白色，蛋形指数为1.4。

繁殖性能：长乐鹅就巢性较强，公、母鹅配种比例为1:6，种蛋受精率为80%以上，种鹅使用年限为2～3年。

产肥肝性能：长乐鹅产肥肝性能较好，经4周填肥，公鹅肝重420克，母鹅肝重398克，如果向肥肝用方向发展，还需要进行种鹅群的系统选育。

4.品种利用

长乐鹅在产区主要用于纯种繁育和肉仔鹅生产，如果系统选育后能够提高繁殖性能，可以作为肥肝用鹅杂交母本。

伊犁鹅

1.产区与分布

伊犁鹅，又称塔城飞鹅、雁鹅，是我国唯一由野生雁驯化而来的鹅种。主产区位于新疆伊犁的哈萨克自治州，其分布范围主要包括伊犁哈萨克自治州和博尔塔拉蒙古自治州一带。

2.外貌特征

伊犁鹅的外貌特征与灰雁非常相似，体形中等，颈较短，胸宽广而突出，体躯呈水平状态，扁椭圆形，腿粗短。头部平顶，无肉瘤突起。颌下无咽袋。雏鹅上体呈黄褐色，两侧呈黄色，腹下呈淡黄色，眼呈灰黑色，喙呈黄褐色，胫、趾、蹼均为橘红色。成年鹅喙呈象牙色，胫、蹼、趾呈肉红色，虹彩呈蓝灰色，翼尾较长，羽毛可分为灰、花、白3种颜色。伊犁鹅的外貌特征见图3-16。

图 3-16　伊犁鹅

3.生产性能

生长速度与产肉性能:放牧饲养,公、母鹅30日龄体重分别为1.38千克和1.23千克,60日龄体重分别为3.03千克和2.77千克,90日龄体重分别为3.41千克和2.77千克,120日龄体重分别为3.69千克和3.44千克。8月龄育肥15天的肉鹅屠宰表明,平均活重3.81千克,半净膛率和全净膛率分别为83.6%和75.5%。

产蛋性能:伊犁鹅一般每年只有一个产蛋期,出现在3—4月份,也有个别鹅分春、秋两季产蛋。全年可产蛋5~24枚,平均年产蛋量为10.1枚。通常第一个产蛋年产蛋7~8枚,第二个产蛋年产蛋10~12枚,第三个产蛋年产蛋15~16枚,此时已达产蛋高峰,稳定几年后,到第六年产蛋率逐渐下降。平均蛋重156.9克,蛋壳呈乳白色,蛋壳厚度为0.60毫米,蛋形指数为1.48。

繁殖性能:公、母鹅配种比例为1:(2~4)。种蛋平均受精率为83.1%;受精蛋孵化率为81.9%。有就巢性,一般每年1次,发生在春季产蛋结束后。30日龄雏鹅成活率为84.7%。

产羽绒性能:平均每只鹅可产羽绒240克,其中纯绒192.6克。鹅绒是当地群众养鹅的主要产品之一,常被用做枕头、冬衣和被褥,因其轻暖隔潮,被视为婚嫁珍品。

4.品种利用

伊犁鹅耐粗饲,适合放牧饲养,产绒性能好,肉质好,但是产蛋量低,限制了规模化饲养。伊犁鹅在我国其他地区饲养很少,主要在其产区周边分布,1992年曾从辽宁省引进豁眼鹅作为母本与伊犁鹅杂交,提高了伊犁鹅的产蛋量和产绒量。

闽北白鹅

闽北白鹅属于肉用型鹅种,是小型鹅中的优良代表,闽北白鹅生长速度快、产肉率高、耐粗饲。闽北白鹅的主产区是福建省北部的松溪、政和、浦城、崇安、建阳、建瓯等地,其主要分布范围有南平市的邵武,宁德市的福安、周宁、古田、屏南等地。

阳江鹅

阳江鹅属于肉用型鹅种,是性成熟最快的小型鹅。阳江鹅的主产区是广东省湛江地区的阳江市,主要分布范围有阳江市周边的阳春、电白、恩平、台山等地,也有部分分布在江门、韶关、湛江,乃至海南、广西。

永康灰鹅

永康灰鹅属于灰色中国鹅中小型品种鹅的变种,它成熟早、发育快,有较好的肥肝,是我国主产鹅肥肝品种之一。永康灰鹅原产地在浙江永康及部分毗邻地区,目前其雏鹅、仔鹅已销往浙江、江苏、上海等地。

▶ 第三节　国外的鹅品种

外国鹅品种的体形区分标准和中国鹅的不同,其成年鹅的体重一般要大于中国鹅的。

一 大型鹅的品种

非洲鹅

1.产区与分布

非洲鹅原产于非洲,广泛分布于非洲各地。非洲鹅与中国鹅有密切的亲缘关系,近年来的研究表明非洲鹅与中国鹅起源相同,均由鸿雁驯化而来。

2.外貌特征

非洲鹅体态略呈直立状。体形粗大,体躯长、宽、深;头宽,咽袋大而下垂,随年龄的增长而增长;喙较大,角质坚硬;肉瘤大而宽,微微前倾;颈长、微弯;胸丰满硕圆,背阔而平,臀部圆而丰满,双翼大而强健,合拢时紧贴体侧。

非洲鹅有灰、白两类羽色。灰羽非洲鹅头部为浅褐色,颈部有非常浅的灰褐色羽,颈背正中自上而下有一条清晰的深褐色宽条纹,体侧和大腿上部羽呈灰褐色,羽片外缘略淡;主翼羽呈深蓝灰色,副主翼羽呈浅蓝灰色;副翼羽也为深蓝灰色,但其边缘接近白色,尾羽呈灰褐色。胫、蹼为深橘黄色,虹彩为深褐色。白羽非洲鹅全身羽毛呈白色,喙、肉瘤为橘红色;胫、蹼为浅橘红色。

3.生产性能

成年公鹅平均体重为9.08千克,母鹅平均体重为8.17千克。母鹅年产蛋20~45枚。公、母鹅配种比例为1:(2~6)。该品种鹅繁殖利用期长。

埃姆登鹅

1.产区与分布

埃姆登鹅原产于德国西部的埃姆登城附近,是一个古老的大型鹅种。有学者认为,该品种鹅是由意大利白鹅与德国及荷兰北部的白鹅杂交而成。19世纪,经过选育和杂交改良,该品种鹅被加入英国和荷兰白

鹅的血统,体形变大。

2.外貌特征

埃姆登鹅体形大,生长快。成年鹅全身披白羽,且羽毛紧贴鹅身,头大呈椭圆形,颈长略呈弓形,背宽阔,体长。胸部光滑,看不到龙骨突出。腹部有一双皱褶下垂。尾部较背线稍高,站立时身体与地面成30°~40°。凡是头小,颈下有重褶,颈短,落翅,步伐沉重,龙骨显露者为不合格个体。喙、胫、蹼呈橘红色,喙粗短,眼睛为蓝色。

埃姆登鹅的雏鹅全身绒毛为黄色,但其背部及头部带有不等量的灰色绒毛。在换羽前,一般可根据羽的颜色来鉴别公母,公雏鹅绒毛上的灰色部分比母雏鹅的浅一些。仔鹅与大部分欧洲白色鹅种一样,羽毛里常会出现有色羽毛,但到成年时会更换为白色羽毛。

3.生产性能

生长速度:成年公鹅体重为9~15千克,母鹅体重为8~10千克。60日龄仔鹅体重为3.5千克。

产蛋性能:母鹅10月龄左右开产,年平均产蛋35~40枚,蛋重160~200克,蛋壳坚厚,呈白色。

繁殖性能:埃姆登母鹅就巢性强。公、母鹅配种比例一般为1:(3~4)。

产羽绒性能:埃姆登鹅羽绒洁白丰厚,耐活体拔毛,羽绒产量高。

4.品种利用

埃姆登鹅非常耐粗饲,成熟早,早期生长快,育肥性能好,肉质佳,用于生产优质鹅油和肉。在北美地区,商品化饲养场饲养埃姆登鹅的数量比所有其他品种鹅的总和还要多。其他国家和地区引入该鹅种主要是作为杂交用父本生产肉仔鹅,提高杂交代的生长速度。

图卢兹鹅

1.产区与分布

图卢兹鹅,又称茜蒙鹅或土鲁斯鹅,是世界上体形最大的鹅种,19世

纪初由灰鹅驯化选育而成。原产于法国南部的图卢兹市郊区,主要分布于法国西南部,是法国生产鹅肥肝的传统专用品种。之后传入英国、美国等欧美国家。

2. 外貌特征

图卢兹鹅体形大,羽毛丰满,具有大型鹅的特征。头大、喙尖、颈粗,中等长度,体躯呈水平状态,胸部宽深,腿短而粗。颌下有皮肤下垂形成的咽袋,腹下有腹褶,咽袋与腹褶均发达。羽毛呈灰色,着生蓬松,头部呈灰色,颈背呈深灰,胸部呈浅灰,腹部呈白色。翼部羽为深灰色,且带浅色镶边,尾羽呈灰白色。喙呈橘黄色,胫、蹼呈橘红色。眼呈深褐色或红褐色。

3. 生产性能

生长速度与产肉性:肉用仔鹅60日龄时体重约为3.9千克。成年公鹅体重为12～14千克,母鹅体重为9～10千克。早期生长速度快,产肉多,但肌肉纤维较粗,肉质欠佳。易沉积脂肪。

产肥肝性能:图卢兹鹅用于生产肥肝和鹅油,强制填肥后每只鹅平均肥肝重在1千克以上,一般为1～1.3千克,最大肥肝重约1.8千克。

产蛋性能:图卢兹鹅年产蛋量30～40枚,平均蛋重170～200克,蛋壳呈乳白色。

繁殖性能:母鹅开产日龄为305天。公鹅性欲较强,有22%的公鹅和40%的母鹅是单配偶,受精率仅为65%～75%,公、母鹅配种比例为1:(1～2),1只母鹅1年只能繁殖10多只雏鹅。就巢性不强,平均就巢数量约占全群的20%。

4. 品种利用

该品种鹅易沉积脂肪,虽然生长快、易育肥,但其肥肝质量较差,肥肝大而软,脂肪充满在肝细胞的间隙中,一经煮熟脂肪就流出来,肥肝也因之缩小。加上该品种鹅体形过于笨重,耗料多,受精率低,饲养成本很

高,所以,现在已逐渐被朗德鹅取代。

二 中型鹅的品种

朗德鹅

1.产区与分布

朗德鹅,又称西南灰鹅,原产于法国西南部的朗德省。当地原来的朗德鹅一直在与附近的图卢兹鹅、玛瑟布鹅相互杂交,进行鹅肥肝的商品生产。经过长期的选育,逐渐形成了世界闻名的肥肝专用鹅种。

2.外貌特征

该品种鹅体形中等偏大。毛色以灰褐色为主,也有白色、灰白杂色、灰褐色,颈、背部接近黑色,而胸、腹部毛色较浅,呈银灰色。匈牙利的朗德鹅以白色的居多。鹅喙呈橘黄色,胫、蹼为肉色。

3.生产性能

生长速度与产肉性能:成年公鹅体重为7~8千克,母鹅体重为7~6千克。仔鹅56日龄体重为4.5千克左右。肉用仔鹅经填肥后活重为10~11千克。

产肝性能:朗德鹅最突出的特点是肝用性能好,在适当的填饲条件下,肥肝重量为700~800克,高的可达1.5千克,料、肝比为23.8∶1。山东昌邑引种后,经1 188只鹅填饲测定,平均肥肝重895克,料、肝比为24∶1,填饲期体增重率为62%~70%。但肥肝的质地欠佳,容易破碎。

产羽绒性能:朗德鹅对人工拔毛耐受性强,羽绒产量在每年拔毛2次的情况下,为350~450克,灰色羽绒价格比白色羽绒价格低20%~30%。

繁殖性能:朗德鹅性成熟期为180天,一般210天开产。母鹅年产蛋量为35~40枚,蛋重180~200克。朗德鹅的公鹅配种能力差,精液品质欠佳,因而种蛋的受精率低,一般只有60%~65%,受精蛋孵化率为80%左右,育雏成活率为90%,平均每羽母鹅可提供商品仔鹅16~20羽。公、母

鹅配比为1:3,母鹅的就巢性较弱。

4.品种利用

目前许多国家引入朗德鹅,有的直接利用其产肥肝性能,有的则用其作为杂交父本,提高后代的生长速度和产肥肝性能。我国也多次引入朗德鹅,其在我国的适应性和生产性能保持等方面均表现得较为理想。

莱茵鹅

1.产区与分布

莱茵鹅是世界著名肉用型和肥肝型鹅品种。该品种鹅原产于德国莱茵河流域,在欧洲大陆均有分布,经法国克里莫公司选育,成为世界著名肉毛兼用型品种。莱茵鹅曾被引入埃姆登鹅的血统,以提高其产肉性能,使其也成为欧洲各鹅种中产蛋量较高的品种。

2.外貌特征

莱茵鹅体形中等。初生雏鹅背面羽毛为灰褐色,从2周龄开始逐渐转为白色,至6周龄时已为全身白羽。体高31.5厘米,体长37.5厘米,胸围66厘米。初生雏鹅绒毛为黄褐色,随着生长周龄的增加而逐渐变白,至6周龄时变为白色羽毛。喙、胫、蹼均为橘黄色。头上无肉瘤,颌下无皮褶,颈粗短而直。

3.生产性能

生长速度与产肉性能:仔鹅8周龄体重4.0～4.5千克,肉料比为1:(2.5～3),屠宰率为76.15%,活重为5.45千克,胴体重为4.15千克,半净膛率为85.28%。成年公鹅体重为5～6千克,母鹅为4.5～5千克。

繁殖性能:母鹅开产日龄在210～240天,生产周期与季节特征和气候条件有关,正常产蛋期在1—6月末,年产蛋50～60枚,平均蛋重在150～190克。莱茵鹅公、母配比为1:(3～4),种鹅利用期限为4年。莱茵鹅能在陆上配种,也能在水中配种,种蛋受精率为75%,受精蛋孵化率为80%～85%。该品种鹅成活率高达99.2%。

产羽绒性能:莱茵鹅羽绒产量高,3～4月龄仔鹅平均每只产羽绒260克,其中含绒率20%;8～9月龄鹅平均每只产羽绒280～320克,其中含绒率为30%。

4.品种利用

莱茵鹅适应性强,食谱广,耐粗饲,成熟期较早,能适应大群舍饲。该品种鹅引入我国后作为父本与国内鹅种杂交生产肉用杂种仔鹅,杂种仔鹅的8周龄体重为3～3.5千克,是理想的肉用杂交父本。莱茵鹅肉质鲜嫩,营养丰富,口味独特,是深受人们喜爱的食品。莱茵鹅羽毛的含绒量高,是制作高档衣被的良好原料。

奥拉斯鹅

1.产区与分布

奥拉斯鹅,又名意大利鹅,原产于意大利北部地区,在欧洲各国分布较广。该品种鹅在改良育成过程中,为提高繁殖性能,曾引入中国鹅血统。

2.外貌特征

奥拉斯鹅体形中等,全身羽毛洁白,头上无肉瘤,颌下无皮褶,颈粗短。喙、胫、蹼均为橘黄色。

3.生产性能

生长速度与产肉性能:奥拉斯鹅生长迅速,8周龄仔鹅活重4.5～5千克,料肉比为(2.8～3):1。成年公鹅体重为6～7千克,母鹅为5～6千克。

产肥肝性能:匈牙利等国常用朗德鹅的公鹅与意大利母鹅杂交,用杂交鹅生产肥肝比较理想,经填肥后活重为7～8千克,肥肝重700克左右。

繁殖性能:奥拉斯鹅繁殖力强,母鹅年产蛋量较高,为55～60枚。公、母鹅配比为1:(3～5),种蛋受精率为85%,孵化率为60%～65%,母鹅的繁殖盛期可持续6年。

4.品种利用

奥拉斯鹅全身羽毛呈白色,具有生长快、肌肉发达、繁殖率高等优点,适于生产肉用仔鹅。与其他鹅杂交也可以进行肥肝生产。

罗曼鹅

1.产区与分布

罗曼鹅是欧洲的古老品种,原产于意大利。丹麦、美国和中国台湾地区对白色罗曼鹅进行了较系统的选育,主要提高其体重和整齐度,改善其产蛋性能。英国则选形体较小而羽毛纯白美观的个体留种。罗曼鹅是我国台湾地区主要的肉鹅生产品种,占台湾全省饲养量的90%以上。近年来,该品种鹅在福建、广东、安徽等地被台商引进繁育。

2.外貌特征

罗曼鹅外表很像埃姆登鹅,形体比埃姆登鹅小一半,属于中型鹅种。羽毛有灰、白、花三种。罗曼鹅体形明显的特点是"圆",即颈短、背短、体躯短。头部无额瘤,但头顶有球形的顶心毛。眼睛为蓝色,喙、胫、蹼均为橘红色。

3.生产性能

生长速度与肉用性能:成年公鹅体重为6～7千克,母鹅体重为4.5～5.5千克。台湾省专门选育的品系的仔鹅8周龄体重也可达4.0千克。

繁殖性能:公、母鹅性别比为1:(2～4),母鹅年产蛋40枚左右,受精率为82%,孵化率为80%。

4.品种利用

罗曼鹅中的白羽变种(也称白罗曼鹅)肉用性能好,羽绒价值高,可以用于肉鹅和羽绒生产,也可用作杂交配套的父本,改善其他品种的肉用性能和羽绒性能。

玛加尔鹅

1. 产区与分布

玛加尔鹅主要分布于匈牙利,又叫匈牙利鹅。在品种形成过程中,它主要是由埃姆登鹅、巴墨鹅和意大利的奥拉斯鹅杂交育成的。该品种鹅生活力很强,为了提高本种的产蛋量,近几年又为其引入了莱茵鹅的血统。

2. 外貌特征

由于所处的环境和饲养管理方法的差异,形成了玛加尔鹅的2个地方品系,即平原地区型和多瑙河流域型,平原地区型的鹅体形较大,多瑙河流域型的鹅体形较小。玛加尔鹅羽毛为白色,喙、胫、蹼均为橘黄色。

3. 生产性能

该品种成年公鹅体重为6~7千克,母鹅体重为5~6千克。在农家小群饲养条件下,一般年产蛋量仅为15~20枚。在大型种鹅场科学饲养条件下,年产蛋量为35~50枚,蛋重160~190克,受精率与孵化率均较高。由于品系不同,部分母鹅有就巢性。肥肝重500~600克,肝淡黄,肝的组织结构非常适于现代化生产。羽绒产量高、质量好,每年拔3次毛,可获得400~450克高质量的鹅绒。

玛瑟布鹅

玛瑟布鹅,又名格尔鹅,是产于法国南部的一种灰鹅,为肉用品种,也是一种很好的生产肥肝用鹅。填肥后,活重为9~10千克,平均肥肝重684克左右。活重与肝重都比朗德鹅轻,但产蛋量比朗德鹅高,年产蛋量在40~50枚。因此,在法国往往把它用作与图卢兹鹅、朗德鹅杂交的母本。

乌拉尔鹅

乌拉尔鹅属肉用型品种,在18世纪中叶已出名,分布于南乌拉尔地区。1950年在库尔干省以沙德林斯克为中心,为该品种鹅建立了沙德林

斯克国家育种场,故其又名沙德林斯克鹅。乌拉尔鹅躯体长,头较小,嘴直,颈短,胸深,腿短。腹部有不太显著的皱皮。羽毛有白色、灰色和斑纹三种。喙、胫、蹼均呈橘红色。

三 小型鹅的品种

国外的小型鹅种个体小、产蛋少,主要用作观赏品种,常见的有原产于非洲的埃及鹅和原产于北美洲的加拿大鹅。

埃及鹅

埃及鹅产于埃及,属于非洲类鹅品种,体形很小,成年公鹅体重为3.8千克,母鹅为3.0千克。母鹅产蛋很少,平均年产蛋6~8枚,蛋重145.8克。该品种鹅大多数为灰色羽和黑色羽,并点缀一些白色、微红褐色和淡黄色羽毛,属于观赏用品种。

加拿大鹅

加拿大鹅产于加拿大,是北美洲常见的野鹅,被列为保护动物品种,不准外运,只有观赏价值。加拿大鹅体形较小,成年公鹅平均体重为4.5千克,母鹅为3.8千克,年产蛋4~8枚,平均蛋重145克。配种习性遵循"一夫一妻制",该鹅种晚熟,与家鹅杂交所产的杂种鹅会不育。

第四节 鹅种的选育与引种

一 选种方法

1.根据鹅的体形、外貌进行选择

从种蛋开始,到雏鹅、育成鹅、产蛋鹅,每一个阶段都要按该品种的固有特征确定选择标准。体形、外貌可以反映种鹅的生长发育和健康状况等,是判断其生产性能的主要依据之一。

在选种中应了解该品种的外貌特征,外貌特征不合格的必须淘汰。

2.根据记录资料进行选择

体形、外貌和一些生产性能有相关性,但有的生产性能(如产蛋性能等)凭外貌、体形判断就有很大难度,影响选择的准确性。应用科学的记录资料的统计分析结果进行选择,才能收到更好的选育效果。

(1)根据系谱资料进行选择。这种选择方法适合于尚无生产性能记录的雏鹅、育成鹅和后备种鹅,根据它们的双亲和祖代的记录成绩和遗传结果进行选择。

(2)根据本身成绩进行选择。本身成绩是鹅生产性能在一定饲养管理条件下的现实表现,它反映了鹅自身已经达到的生产水平,是种鹅选择的重要依据。这一选择法对遗传力低的性状可能选择效应不好,因为饲养条件和环境优劣对其影响较大。

(3)根据同胞成绩进行选择。可根据全同胞和半同胞两种成绩进行选择。同父母的后代被称为全同胞,同父异母或同母异父的后代被称为半同胞。它们有共同的祖先,在遗传上有一定的相似性,据此能确定种鹅是否带有本身不表现性状的生产优势,如种公鹅的产蛋性能就只能用同胞、半同胞母鹅的产蛋成绩来选择,鹅的屠宰性只能以屠宰的同胞、半同胞鹅屠宰实测成绩来选择。

(4)根据后代(后裔)成绩进行选择。根据系谱、本身记录和同胞成绩选择可以确定选择种鹅个体的生产性能,但它的生产性能水平是否能真实稳定地遗传下来,就要根据其所产后代的成绩进行评定,这样就能比较正确地选出优秀种鹅个体。

(5)根据综合记录资料进行选择。反映种鹅生产性能的性状有很多,每个性状的选择可靠性有一定差异。对种鹅的亲本、后代、自身均有记录资料的,就可以根据不同性状与这些资料的相关性大小、上下代成

绩表现进行综合选择,以选留更好的种鹅。

3.根据孵化季节进行选择

大部分品种鹅不同孵化季节孵出的雏鹅的生长发育和生产性能有差异,因为鹅有休蛋期,种鹅的选留季节影响其繁殖性能。种鹅一般选择早春孵化的雏鹅,即2—3月份(北方地区可在3—4月份)出壳的雏鹅为好,此时气候逐渐转暖,日照时间长,青绿饲料供应充足,雏鹅的生长条件好,能确保选择种鹅的体质健壮和生产性能好。同时,多数鹅品种可在夏季休蛋期前(6—7月份)产第一批(窝)蛋,而第一批蛋由于是初产,其蛋重、蛋形、受精率等都决定了其不适宜作种用,到休蛋期结束后所产的第二批就是经产种蛋,均能孵化,不会造成浪费而影响种鹅的繁殖性能,而且休蛋期结束后,市场雏鹅数量少、价格高,能提高种鹅生产的经济效益。

二 种鹅各阶段的选择

1.雏鹅的选择

在出壳的健雏中选留绒羽、喙、蹼的颜色、体形、初生重等都符合品种特征和要求的个体。选择的雏鹅血统记录清楚,来自高产种群的后代,要求种雏活泼、健壮。如有需要,在育雏期结束后30日龄左右,再进行一次选择。这时要求选留的个体生长发育快,体形结构和羽毛发育良好,品种外形特征明显。

2.后备种鹅的选择

一般60～70日龄(生长慢的在80～90日龄)育成期结束时选留符合品种要求的个体作后备种鹅,其余的转入育肥群育肥,作商品鹅。这时的鹅生长发育已明显表现,体质、外形大体清楚,生产性能中的生长速度和肉用性能已可测定,能进行初步的个体综合鉴定,在选择中还能酌情进行旁系测定。

选择要求:品种特征典型,体质结实,生长发育快,羽毛发育好。公鹅要求体形大,体质结实,各部结构发育均匀,肥度适宜,头大小适中,两眼有神,喙正常无畸形,颈粗而稍长(作为生产肥肝的品种应粗而短),胸深而宽,背宽长,腹部平整,脚粗壮有力、长短适中、间距宽,行动敏捷,叫声洪亮。公鹅选留数量应比配种要求的公母比例多20%~30%。母鹅要求体重大,头部清秀,眼睛有神,颈细长,体形长而圆,前躯浅窄,后躯宽深,臀部宽广。

3.成年种鹅选择

后备种鹅进入性成熟期后,对其进行全面的综合性鉴定。淘汰体形不正常、体质弱、健康状况差、羽毛不纯(白羽鹅应没有杂毛或有少量杂毛)、外貌不符合品种要求的个体。公鹅要求性器官发育正常、性欲旺盛、精液品质优良,严格淘汰阴茎发育不良、阳痿或患病的后备公鹅。

4.经产种鹅选择

经产种鹅已完成整个产蛋期,其繁殖性能、体形、外貌、成年体重等性状已定型和发育完整,并能得到其后代的生长速度、发育情况等性能指标。此时,要求母鹅颈短身圆,眼亮有神,性情温驯,觅食力强,身体健壮,羽毛紧密,前躯较浅,后躯较宽,臀部圆阔,腹大略下垂,脚短而匀称,尾短上翘,品种特征明显,体重符合品种要求,产蛋率高,受精率和孵化率高;要求公鹅生长发育好,鸣声洪亮,体大脚粗,肉瘤光滑显凸,羽毛紧凑,采食力强,性欲旺盛,配种力强,精液品质好,雄性特征显著,体重和外貌符合品种要求。一般此时自然交配的公、母鹅数量比为1:(4~8),人工授精的为1:(10~15)。

对经产种鹅可进行每年复选一次,根据其生产性能表现,结合系谱鉴定、后代测定成绩进行全面的综合测定,不断淘汰不合格种鹅。

三 生产中常用的种鹅选育技术

现代养鹅业常用的主要选育方法有本品种繁育和杂交繁育两种。

1. 本品种繁育

本品种繁育是指在品种内部通过选种选配、品系繁育、改善培育条件等措施,提高品种性能的一种繁育方法。同一品种的公、母鹅配种繁殖后代,其目的是在同一品种中有计划、有目的地进行系统选育,选优去劣,把符合该品种特征、特性的后代留种,保持或提高本品种的生产性能。纯种繁育是保持优良血统和特性的一项重要措施,是进行杂交改良的基础。只有这样做,才能保证现有的鹅种不退化,保持良好的生产性能,长久地利用良种。

(1)本品种选育方法。鹅的本品种选育,要针对品种特点,确定选育目标,然后开展选种、选配工作,进行品种的提纯复壮,与此同时,注意加强鹅群的饲养管理,充分发挥其生产潜力,提高鹅群整体的生产性能。我国的太湖鹅、豁眼鹅、浙东白鹅等进行本品种选育,取得了良好的效果。如豁眼鹅在系统选育前,羽色较杂,体形大小不一,眼睑没有豁口的个体占有一定比例,产蛋性能差异较大。初期把其羽色、喙和胫的颜色、眼睑豁口、体重、产蛋性能等几个指标作为选育的主要指标:要求羽色全白,喙、胫呈橘黄色,两上眼睑豁口明显,入舍产蛋量100枚,蛋重120克,成年公鹅体重为4~4.5千克,母鹅为3~3.5千克。经过几个世代的系统选育,体形、外貌基本一致,特征、特性相当明显,产蛋性能显著提高,遗传性能趋于稳定,按入舍母鹅产蛋量计算,4世代的年产蛋量达118.2枚,比第0世代的83.6枚增加了34.6枚,最高的个体产蛋量达186枚,比第0世代增加了102.4枚。

在本品种选育过程中,有专家提出了网式育种技术,即在品种内建立若干个种内群(或称品群),各品群在一定时期内进行群内繁育,以保持性状和性能的稳定,但是为了不断提高品种的性能,避免品群内的近交问题,定期需要进行品群间的血缘混合。品群间的异质性是进行网式育种的前提基础,各品群除了具有本品种共有的特征外,还应各具特色。

(2)进行鹅本品种选育时应注意的问题。第一,运用本品种选育方法时,应着重注意选择品质优秀的种公鹅,一般对种公鹅的选择除了具有本品种的特征外,还要求体形大,体质好,各部位生长发育协调稳健,羽毛有光泽,腿粗有力,喙、胫、蹼颜色鲜明。选留通过翻肛和精液品质检查,阴茎发育良好、性欲旺盛、精液品质优良的公鹅作为种用,严格淘汰阴茎发育不良和有病的公鹅。

第二,运用本品种选育方法时,应尽量避免近交。对于规模小的种鹅场或商品性鹅场,由于群体数量小,有时难以严格淘汰,容易引起近交。长期采用近交,则会引起近交衰退现象,表现为后代的生活力和生产性能下降、体质变弱、死亡增多、繁殖力降低、增重慢、体形变小等现象,所以要想办法把近交控制在一定范围内。在培育新品种的横交固定阶段或培育品系时可以适当采用近交,其他阶段应尽量避免。为防止本品种选育时的近交带来的弊端,可采取以下措施:①在本品种选育过程中,严格淘汰不符合理想型要求的、生产力低、体质衰弱、繁殖力差和表现出衰退现象的个体。②加强种鹅的饲养管理,满足幼鹅群及其繁育后代的营养要求。近交产生的个体,其种用价值可能是高的,遗传性能也较稳定,对饲养管理条件要求较高,如能满足它们的需求,则可暂时不表现或少表现近交带来的不良影响,否则遗传和环境双重不良影响可导致更严重的衰退。③适当进行血缘更新,可以防止亲缘交配不良影响的积累。育种场从外地引入同品种、同类型和同质性而又无亲缘关系的种鹅进行繁育。对于商品鹅场的一般繁殖群,为保证其具有较高的生产性能,定期进行血缘更新尤为重要。民间所说的"三年一换种""异地选公鹅,本地选母鹅"都是强调要血缘更新。④在系统开展选育工作中,适当

多选留种公鹅,选配时不至于被迫近交。

2.杂交繁育

鹅的杂交繁育是指用两个或两个以上鹅品种进行品种间交配,组合后代的遗传结构,创造新的类型,或直接利用新类型进行生产,或利用新类型培育新品种或新品系。根据杂交目的的不同,可以把杂交繁育分为引入杂交、育成杂交和经济杂交。

(1)引入杂交。引入杂交指在保留原有鹅品种的基本品质的前提下,利用引入品种改良原有品种某些缺点的一种有限杂交方法。具体操作手段是利用引入的种公鹅与原有母鹅杂交一次,再在杂交子代中选出理想的公鹅与原有母鹅回交一次或两次,使外源血统含量低于25%。把符合要求的回交种鹅自群繁育扩群生产,这样既保持了原有品种的优良特性,又将不理想的性状改良了。如以四川白鹅为基础选育的天府肉鹅,就是在四川白鹅群体中选择体格大、产蛋多的母鹅组群,然后把引入的肉鹅品种朗德鹅作为父本杂交,杂交代公鹅与母本回交,在保留了四川白鹅产蛋性能的基础上改良了体形,又经过闭锁横交和品系培育,育成了稳定遗传的天府肉鹅父系、母系,最终制种、扩繁推广。

(2)育成杂交。以培育新品种、新品系,改良品种、品系为目的的杂交,称为育成杂交。有很多优良鹅品种在形成过程中都用到了育成杂交。现代养鹅生产中,为了改进品种的繁殖性能、产肉性能、肥肝性能、产羽绒性能等,也常常用到育成杂交。如扬州鹅的育成过程就属于育成杂交,扬州大学畜牧兽医学院和扬州市农业局联合用生长快、产蛋多、无就巢性的四川白鹅与肉质好、产蛋多、无就巢性的太湖鹅以及皖西白鹅进行杂交试验、配合力的测定,选择比较优良的组合进行反交、回交,再筛选出最佳组合,进行世代选育,经过6个世代的选育和多方面的育种试验测定,育成了新的地方优良鹅种——扬州鹅。

(3)经济杂交。经济杂交也称杂种优势利用,杂交的目的是获得高产、优质、低成本的商品鹅。采用不同品种或不同品系进行杂交,可生产出比原有品种、品系更能适应当地环境条件和高产的杂种鹅,极大地提高养鹅业的经济效益。

①经济杂交的主要方式。一是二元经济杂交,指两个鹅品种或品系间的杂交。一般是引入品种鹅作为父本,用本地品种鹅作为母本,杂交一代不留种,通过育肥全部用于商品生产。二元经济杂交的杂种后代可吸收父本体躯大、早期生长速度快、胴体品质好和母本适应性强的优点。该方法简单易行、应用广泛,但母系杂种优势没有得到充分利用,并且需要源源不断地提供杂交用父母代种鹅。

二是三元经济杂交,指参与杂交的有3个品种或品系,以本地鹅作为母本,选择肉用性能好的品种鹅作为第一父本,进行第一步杂交,生产体格大、繁殖力强的F1代母鹅作为肉仔鹅生产的母本,F1代公鹅则直接育肥。再选择体格大、早期生长快的另一品种鹅作为第二父本(终端父本),与F1代母鹅进行第二轮杂交,所产F2代杂交鹅全部作为商品用。三元经济杂交的效果一般优于二元经济杂交,既可以利用子代的杂种优势,又可利用母本繁殖优势,但繁育体系相对较为复杂。

三是双杂交,指4个品种或品系先两两杂交,杂交代公、母鹅再相互进行杂交,后代作商品用。双杂交的优点是杂种优势明显,杂种鹅具有生长速度快、饲料报酬高等优点,但繁育体系更为复杂,投资较大。如我国引入的莱茵鹅,在法国的克里莫育种公司,就是以四系配套模式进行生产的,我们引进的祖代鹅就是A、B、C、D四系的单性别个体。

②杂交亲本选择。经济杂交目前应用较为广泛,开展的研究工作也较多。据研究表明,中国鹅内部遗传变异程度较小,在鹅的商用杂交配套组合中,我国鹅种繁殖性能高,是培育母系种鹅的理想素材。父系的培育可以选择欧洲鹅种为主要血缘。欧洲鹅种体形大、早期生长发育快、与我国鹅种遗传差异大,能够获得较好的杂种优势。在商用配套系

选育的素材确定中,父本品系选用欧洲鹅种,母本品系以我国鹅种为主是正确的选择。

③经济杂交利用中应注意的问题。经济杂交由于其良好的经济效益往往在生产中被广泛使用,但一定要明确两个理念:

第一,不是所有的杂交组合都有优势,要选用已经经过试验且效果确定的杂交组合,同时要注意利用正确的杂交方式,有时同样的两个品种或品系可能会由于正反交不同,杂交效果相差甚远。

第二,参与杂交的亲本越纯,杂种优势越明显,因此生产中一定要做好杂交亲本的纯种繁育工作,选择纯种、纯系开展杂交才有望获得杂种优势。

（四）种鹅的选配

在选种的基础上,有目的、有计划地选择优秀公、母鹅进行交配,有意识地组合后代的遗传基础,获得体质、外貌理想和生产性能优良的后代就称为选配。选配是选种工作的继续,决定着整个鹅群以后的改进和发展方向。选配是双向的,既要为母鹅选取最合适的与配公鹅,也要为公鹅选取最合适的与配母鹅。

1.种鹅选配的方法

种鹅选配通常采用同质选配和异质选配两种方法。

（1）同质选配。又称选同交配,是指具有相同生产性能特点或同属高产个体的优秀公、母鹅的交配。同质选配能巩固和加强后代优良性状的表现,可以增加后代个体基因型的纯合型。纯种鹅群在维持和提高某性状时采用的就是同质交配,目的是使该鹅种的优良性状能够维持和发展,但同质选配容易因群体闭锁、近交导致鹅群生活力下降,也可引起不良性状的积累。所以,同质选配一般只用于理想型个体之间的选配。

（2）异质选配。又称选异交配,是指具有不同生产性能或优秀性状的公、母鹅的交配。异质选配能丰富后代的变异,增加后代杂合基因型的比例,提高后代的生活能力。异质选配可以把双亲各自的优良性状在后代身上结合起来,也可以让一方的优势性状改良另一方的劣势性状。鹅的品种、品系间杂交多属于异质选配,如用大型肉用鹅种的公鹅和中型产蛋性能优良的母鹅交配,生产的仔鹅生长速度快、肉用性能好,如果后代母鹅留种作为二元母本,则产蛋性能优于大型肉用鹅种的产蛋性能。

同质选配和异质选配在生产中也不是完全分开的,在鹅群的整个繁育过程中,某阶段采用同质选配,但并不是与配双方所有的性状都要一致,而是重点选育的性状一致,其他性状可以是异质的。另一阶段采用异质选配,也并不意味着所有的性状都不同,只要所选主要性状是异质的,次要性状可以是同质的。因此,在种鹅繁育实践中,两种选配方法应根据实际情况灵活使用。

2.种鹅的配种年龄和配种比例

(1)配种年龄。种鹅配种年龄的确定应根据该鹅种的性成熟的早晚,只有适时配种才能发挥种鹅的最佳效益。公鹅配种年龄过早,不仅影响自身的生长发育,而且种蛋受精率低;母鹅配种年龄过早,种蛋合格率低、雏鹅品质差。中国鹅种性成熟较早,公鹅一般在5~6月龄、母鹅在7~8月龄达到性成熟。鹅的适龄配种期,公鹅一般控制在12月龄、母鹅8月龄左右可以获得良好效果。特别早熟的小型品种,公、母鹅的配种年龄可以适当提前。

(2)配种比例。公、母鹅配种比例适当与否直接影响种蛋的受精率。配种的比例随着鹅的品种、年龄、配种方法、季节,及饲养管理条件不同而有差别,一般小型品种鹅的公、母比例为1:(6~7),中型品种为1:(4~5),大型品种为1:(3~4)。

3.配种时间和地点

在一天中,早晨和傍晚是种鹅交配的高峰期。据测定,鹅的早晨交配次数占全天的39.8%,下午占37.4%,合计达77.2%。健康种公鹅上午能配种3~5次。种鹅舍应设水上运动场,每天至少给种鹅放水配种4次。

4.种鹅利用年限和鹅群结构

母鹅的产蛋量在开产后的前三年逐年提高,到第四年开始下降。通常,第二年的母鹅比第一年的多产蛋15%~25%,第三年的比第一年的多产蛋30%~45%,所以种母鹅可以利用3~4年。为了保证鹅群的高产、稳产,在选留种鹅时要保持适当的年龄结构。一般鹅群中1岁龄的母鹅占30%,2岁龄的母鹅占35%,3岁龄的母鹅占25%,4岁龄的母鹅占10%。在新、老鹅混合组群时,要按公、母鹅的比例同时放入公鹅,以免发生打斗,影响交配,降低受精率。公鹅一般也可利用3年,个别优秀的个体可利用4~6年。

5.种鹅的配种方法

生产中种鹅的配种方法因使用方向、生产性能、管理水平不同而不同,常用的配种方法有自然配种法、人工辅助配种法、人工授精配种法,这几种配种方法的具体实施将在种鹅的饲养管理章节中介绍,在此不重复叙述。

五 种鹅的引种技术

1.鹅的引种原则

(1)根据生产目的引进合适的鹅品种。在引入良种鹅之前,要明确本养殖场的主要生产方向,全面了解拟引进品种鹅的生产性能,以确保引入鹅种与生产方向一致。如有的地区一直是肉用仔鹅的主产区和消费区,本地也有相当数量的地方鹅种,只是生产水平相对较低,这时引入的鹅种应该以肉用性能为主,同时兼顾其他方面的生产性能。可以通过厂家的生产记录、近期测定站公布的测定结果以及有关专家或权威机构的认可程度了解该鹅种的生产性能,包括生长发育、生活力和繁殖力、产肉性能、饲料消耗、适应性等进行全面了解。同时要根据相应级别(品种场、育种场、原种场、商品生产场)选择良种。如有的地区引进纯系原种,其主要目的是改良地方品种,培育新品种、品系或利用杂交优势进行商品鹅生产;而有的鹅场直接引进育种公司的配套商品系生产鹅产品;也有的鹅场引进祖代或父母代种鹅进行繁殖制种。

(2)选择市场需求的品种。根据市场调研结果,引入能满足市场需要的鹅种。鹅的主产品是肉仔鹅、肥肝、鹅绒等。狮头鹅、溆浦鹅、莱茵鹅、埃姆登鹅等均具有较高的产肉性能,四川白鹅、豁眼鹅繁殖性能好可以作为繁殖扩群用母本。

(3)根据养殖实力选择鹅种。发展养鹅生产应注重这一点选择相应的品种,开展杂交时注意不用灰羽鹅和白羽鹅杂交,以免影响商品代的羽绒颜色。当前,农户养鹅宜与公司挂钩进行鲜鹅蛋及活鹅生产,产品回收、技术服务有保障。再者,刚刚步入养鹅业的养殖场户,最好先从商品鹅生产入手,因为种鹅生产投入高、技术要求高,相对来说风险大,待到养殖经验丰富、资金积累成熟时再从事种鹅养殖、孵化,甚至深加工环节。

(4)引鹅种时避免"炒种"。社会上有些人专门从事"炒种",从中牟取暴利,作为正常生产的养鹅户引种时避免"炒种"。对养鹅户来说,由于没有获得可喜的经济效益,丧失了养殖热情,而对一些地方良种或培育良种来说,如果没有采取有力措施加以保护,将由于杂化、退化而走向濒危,造成不可挽回的损失。

2. 鹅的引种方式

生产中最常用的引种方式有两种,一是直接引进种雏鹅,二是引进种蛋。特殊情况下会引进其他阶段的种鹅,但一般数量不会太大。

(1)种雏鹅引进方法。引种时应引进血统确实、体质健康、发育正常、无遗传疾病的幼雏，因为这样的个体可塑性强，容易适应环境。为确保引种质量和引种成功，需要做到以下几点：

到规模化鹅育种场引进种雏鹅。规模化育种场生产的雏鹅质量有保证，品种优良、一致，不会混杂血缘不清的土杂鹅；而小孵场出售的雏鹅种蛋来源混杂，参差不齐。规模化种鹅场雏鹅批量出壳，成活率高；小孵场的雏鹅由于批量小，周转慢，群内可能有的已经出壳2天、有的刚出壳不久，造成管理困难。出壳后的雏鹅如果不能及时得到饮水和饲料，则对其抵抗力会造成消极影响，这也是目前一些养鹅户引种后雏鹅成活率低的重要原因。规模化种鹅场的种鹅严格进行免疫接种，母源抗体水平高，可以保证种雏鹅的成活率；而小孵场一般是收集当地的种蛋孵化，不清楚种鹅是否进行过免疫接种，引进种雏鹅后选择疫苗种类或接种程序不好确定，会造成很大损失。

规模化育种场售后服务有保证。规模化种鹅场技术力量相对较强，在饲养、管理、防疫等方面能够及时地给养鹅户提供帮助或指导，能够及时地协调解决生产中常见的问题，一旦出现雏鹅质量问题，能够根据合同协商索赔问题。

(2)做好引种准备。引种前要根据引入地饲养条件和引入品种生产要求做好充分准备。

准备圈舍和饲养设备。育雏圈舍做好升温、通风、光照、围栏、饮水、卫生维护等基础设施的准备，并把这些设备调试到工作状态试运行，确保运转正常。饲养设备做好清洗、消毒，同时备足雏鹅用饲料和常用药物。如果两地气候差异较大，则要充分做好防寒保暖工作，减小环境应激，使引入品种能逐渐适应气候的变化。

培训饲养和技术人员。饲养人员能够做到饲喂技术熟练、操作规范，以确保种雏鹅的成功饲养；技术人员能够做到熟悉不同生理阶段种鹅饲养技术,具备对常见问题的观察、分析和解决能力,能够做到指导和管理饲养人员,对鹅群的突发事件能够及时采取相应措施。

(3)做到引种程序规范,技术资料齐全。引种时,一定要与供种场家签订正规的引种合同,内容应注明品种、性别、数量、生产性能等指标,售后服务项目及责任、违约索赔事宜等。

索要相关技术资料。不同鹅种、不同生理阶段的生产性能、营养需求、饲养管理技术手段都会有差异,因此引种时需要向供种方索要相关生产技术资料,有利于生产中参考。

了解种鹅及雏鹅出壳时的免疫情况。不同场家种鹅、雏鹅出壳时的免疫程序和免疫种类可能有差异,因此必须了解供种场家已经对种鹅和雏鹅做过何种免疫,避免引进种雏鹅后重复免疫或者漏免造成不必要的损失。

(4)保证引进种群健康,配比合理。选择健康雏鹅。通过观察雏鹅的外形,选择个体大、绒毛粗长、干燥有光泽的健雏;个体小、绒毛太细、太稀、潮湿,乃至相互黏着、没有光泽的,说明其发育不佳、体质不强,不宜选用。同时,通过观察,要剔除瞎眼、歪头、跛腿等外形不正常的雏鹅。

雄雌性比例要合适。体形大小不同的鹅种的雄雌配比不同,一般大型鹅种为 $1:(2\sim4)$,中型鹅种为 $1:(3\sim5)$,小型鹅种为 $1:(4\sim6)$。一般情况下,公雏鹅的数量比理论比例稍高一些,以备后面生产环节中选择淘汰,因为种公鹅生殖系统发育不良的比例较其他家禽要高。

首次引入品种数量不宜过多。引入后要先进行 $1\sim2$ 个生产周期的性能观察,确认引种效果良好时,再适当增加引种数量,扩大繁殖。

搞好引种运输安排选择合理的运输途径、运输工具和装载物品。选好雏鹅后,应立即运回。一般均宜安排在出雏后24小时内抵达目的地。运输工具最好是船运或汽车运,路远时也可搭乘火车。如运输距离较远,需1天以上的时间,最好在孵化的最后阶段运输种蛋,到目的地后雏

鹅出壳。如果路途过于遥远,如跨国引种,则有必要考虑空运。初生雏鹅目前多采用竹篾编成的篮筐装运,一个直径为60厘米、高23厘米的篮筐约可放雏鹅50只。装运前,筐和垫料均要曝晒消毒。装运时,要谨防拥挤,注意保温,一般保持在25~30℃。确保运输过程安全。天冷时,要加盖棉絮或被单,但必须留有通气孔。天热时,应在早、晚运输,尽量选择4小时以内能到达的短途运输,在雏鹅胎毛干后即可装篮起运。运输途中,要经常检查雏鹅的动态,拨动疏散,防止打堆受热,使绒毛发潮(俗称出汗),这样的雏鹅较难养好。如发现有仰面朝天的雏鹅,要立即扶起,避免造成死亡。运输过程中,要尽量减少震动。行车途中避免速度过快,避免急刹车造成雏鹅堆积或倾翻。同时,避免日晒雨淋。

(5)严格检疫,做好隔离饲养。引种时必须符合国家法规规定的检疫要求,认真检疫,办齐一切检疫手续。严禁进入疫区引种。引入品种必须单独隔离饲养,一般种鹅引进隔离饲养观察2周,重大引种则需要隔离观察1个月,经观察确认无病后方可入场。有条件的鹅场可对引入品种及时进行重要疫病的检测,发现问题,及时处理,减少引种损失。

3.引进种蛋的方法

(1)种蛋的选择。种蛋的品质是影响孵化效果的内在因素,它不仅影响孵化率的高低,而且影响初生雏鹅的品质、生活力和生产性能的优劣。因此,在引进种蛋时要综合考虑各种因素,对种蛋进行最严格的选择。

种蛋的来源要可靠。种蛋应来源于健康、高产的鹅群。种鹅群要有正确的饲养管理和恰当的配偶比例。最好选择2~3岁种鹅群所产种蛋用于孵化,其受精率应在80%以上。发生过传染病或患有慢性病的鹅群所产的蛋,不宜用作种蛋。对于没有种禽生产许可证的鹅场生产的种蛋不予引进。

种蛋品质要新鲜。要求种蛋愈新鲜愈好,随着存放时间延长,孵化率会逐渐降低。种蛋的保存时间应视气候和保管条件而定,春、秋季不超过7天,夏季不超过5天,冬季不超过10天,最好及时入孵。目前商业性孵化场通常每周入孵两次,这样蛋龄不超过4天。

种蛋表面要清洁。蛋壳表面应清洁干净,不应沾有饲料、粪便及泥土等污物。若沾染污物,不仅会堵塞蛋壳上的气孔,影响蛋的气体交换,而且易侵入细菌,引起种蛋腐败变质或造成死胎。脏蛋不应用于孵化。

蛋壳质地要均匀。种蛋蛋壳的质地应细致均匀,不得有皱纹、裂痕,厚薄适中。选择种蛋时,要将厚皮蛋、砂皮蛋、裂纹蛋、皱纹蛋等剔出。

种蛋内部品质良好。用灯光照视蛋内部品质,应选择蛋内的颜色较深、蛋黄转动缓慢的蛋。凡是贴壳蛋、散黄蛋、蛋黄流动性大、蛋内有气泡,以及偏气室和气室游动的蛋,特别是气室在中间或小头的蛋,均不宜用于孵化。

种蛋符合品种要求。蛋重、蛋形要符合品种要求。一般大型鹅的种蛋重量为160～200克,中型鹅的种蛋为140～160克,小型鹅的种蛋为110～140克。蛋形以椭圆形为好,蛋形指数一般为1.36～1.46,过长、过圆、腰凸、橄榄形(两头尖)、扁形等畸形蛋均应予以剔除。

(2)种蛋运输方法。种蛋选择好后,尽快组织运输,确保安全、准时运达目的地。运输过程中要注意以下几点:

防震包装。如果引进的种蛋数量大,应用专门的种蛋运输箱,把种蛋放进蛋托里。然后把蛋托放进纸箱里一托一托叠起来,每箱放两排,每排6托,上面用一个空托盖顶,然后把纸箱盖上捆好即可装车运输。如果运输数量少,可用纸箱放一层垫料,再放一层种蛋地装箱,可使用的垫料有刨花、稻草、碎纸等,垫料起到防震保护作用。也可将种蛋一个一个用纸包好装箱。

防冻。冬天最好不要从寒冷的北方引进种蛋,在寒冷季节运输种蛋要特别注意保温,可用棉絮盖住蛋箱。

防热。在炎热季节运输种蛋应越快越好,最长不要超过7天。如果白天运输途中需要停车时,要把装种蛋的车子停放在阴凉处。种蛋运到时应及时把种蛋拿出放到蛋盘里,让其通风散热。

运输。种蛋经过防震包装后,可用飞机、火车、汽车、船等运输。距离近的、道路较平的地方也可单车托运,但一定要做好防震包装,不宜用手扶拖拉机运输。种蛋运到后应从蛋箱中取出。为了让其内部结构恢复原状,必须放在蛋盘中静置12～24小时后,才能入孵。

第四章　鹅的营养与饲料

▶ 第一节　鹅的营养需要

一　蛋白质

根据目前研究,雏鹅饲料中的粗蛋白含量约为20%,能满足其快速生长;成年鹅日粮控制15%的粗蛋白含量能提高其产蛋能力和配种能力。研究表明,对于6周龄以前的肉鹅,提高日粮中的粗蛋白含量有显著的增重作用。还有研究表明,南方鹅20日龄前对蛋白质的需求量更高。

国内关于鹅蛋白质营养需要量的研究表明,不同品种、不同日龄鹅蛋白质所需量不同,综合各期试验结果,在集约化饲养条件下,以全日粮型颗粒料饲喂,肉用仔鹅蛋白质的需要建议如下。

冷季:

育雏期(0～4周龄):蛋白质21.3%～21.8%。

育成期(5～10周龄):蛋白质17.4%～18.0%。

暖季:

育雏期(0～4周龄):蛋白质21.3%～21.8%。

育成期(5～10周龄):蛋白质17.2%～17.5%。

0～4周龄鹅适宜的饲料蛋白水平在18%～21%;5～10周龄鹅适宜的饲料蛋白水平主要集中在15%～18%。

国外的生长鹅饲养标准:美国国家科学研究委员会(the United States National Research Council,简称NRC)在生长鹅饲养标准中推荐0~4周龄粗蛋白质含量为20%,4周龄后粗蛋白质含量为15%。综合国内外研究结果,建议鹅饲粮蛋白水平如下。肉鹅:0~3周龄17.5%~17.9%,4~6周龄16.6%~16.9%,7周龄到上市屠宰15.0%~15.9%。种鹅:0~4周龄(育雏期)17.5%~17.9%,5~9周龄(育成前期)16.5%~16.8%,10~28周龄(育成后期)14.0%~14.3%,产蛋期15.5%~16.2%,休产期13.0%~13.3%。

二 能量

鹅的各种生理活动都需要能量,能量主要来源于日粮中的碳水化合物和脂肪,以及部分体内蛋白质分解所产生的能量。鹅食入的饲料所提供的能量超过生命活动的需要时,其多余的部分会转化为脂肪,在体内贮存起来。鹅有通过调节采食量的多少来满足自身能量需要的能力。日粮能量水平低时,采食量较多,反之则少。综合国内外研究结果,建议鹅集约化养殖条件下饲粮代谢能水平如下:

肉鹅:0~3周龄为11.5~11.75兆焦/千克,4~6周龄为11.75兆焦/千克,5周龄至上市屠宰为11.7~11.85兆焦/千克。

种鹅:0~4周龄(育雏期)为11.50~11.73兆焦/千克,5~9周龄(育成前期)为11.42~11.53兆焦/千克,10~28周龄(育成后期)为11.42~11.65兆焦/千克,产蛋期为11.50~11.73兆焦/千克,休产期为11.29~11.52兆焦/千克。饲粮代谢能水平设计一般大型鹅高于小型鹅。

肉鹅在补饲条件下1~4周龄代谢能集中在10.8~12.1兆焦/千克;5~8周龄能量为11.5~12.18兆焦/千克。

肉鹅在集约化饲喂条件下1~4周龄代谢能集中在11.7~12.9兆焦/千克;5~8周龄能量为10.0~13兆焦/千克。

三 矿物质

矿物质是鹅必需的营养物质,通常把鹅体内含量大于或等于0.01%的矿物质元素称为常量元素,小于0.01%的称为微量元素。鹅需要的常量元素主要有钙(Ca)、磷(P)、氯(Cl)、钠(Na)、钾(K)、镁(Mg)、硫(S),微量元素主要有铁(Fe)、铜(Cu)、锌(Zn)、锰(Mn)、碘(I)、钴(Co)、硒(Se)等。常量元素中钙和磷是骨骼和蛋壳的主要组成成分,是鹅需求量非常高的元素,氯和钠主要以食盐的形式被添加在饲料中。

矿物质中重金属过量会造成产品沉积和排放量增加,引起食品安全和环境问题。大量代谢试验表明,大型鹅对饼粕类、谷实类、干草类、糠麸类、动物蛋白类饲料中钙和磷的利用率均高于小型鹅。饲粮矿物质水平设计上,一般大型鹅高于小型鹅。综合国内外研究结果,鹅微量元素需要量建议值依据王宝维在《鹅饲料营养价值评价和营养需要量的研究现状与展望》中的分析,见表4-1、表4-2。

表4-1 肉鹅矿物元素需要量建议值

营养成分	育雏期 (0～3周龄)	生长期 (4～6周龄)	肥育期 (7周龄至上市屠宰)
钙(%)	1.00	0.90	0.80
总磷(%)	0.80	0.75	0.65
非植酸磷(%)	0.45	0.40	0.35
氯化钠(%)	0.35～0.40	0.40～0.45	0.40～0.45
铜(毫克)	7.00～7.35	6.50～6.83	6.00～6.30
铁(毫克)	100.00～105.00	95.00～100.00	90.00～95.00
锰(毫克)	110.00～116.00	105.00～110.00	95.00～100.00
锌(毫克)	95.00～100.00	90.00～95.00	85.00～90.00
碘(毫克)	0.42～0.44	0.42～0.44	0.42～0.44
硒(毫克)	0.30～0.32	0.30～0.32	0.30～0.32

表4-2　种鹅矿物元素需要量建议值

营养成分	育雏期 （0～4周龄）	育成期		产蛋期	休产期
		（5～9周龄）	（10～30周龄）		
钙（%）	0.95～0.97	0.85～0.87	0.75～0.77	2.60～2.65	1.60～1.63
总磷（%）	0.75～0.79	0.70～0.74	0.60～0.64	0.60～0.69	0.60～0.64
非植酸磷（%）	0.45～0.47	0.40～0.42	0.35～0.37	0.35～0.37	0.30～0.32
氯化钠（%）	0.35～0.40	0.40～0.45	0.40～0.45	0.40～0.45	0.40～0.45
铜（毫克）	7.00～7.36	7.00～7.36	5.00～5.26	7.00～7.36	5.00～5.26
铁（毫克）	85.00～89.30	85.00～89.30	65.00～68.30	85.00～89.30	65.00～68.30
锰（毫克）	80.00～84.10	80.00～84.10	75.00～78.80	80.00～84.10	75.00～78.80
锌（毫克）	85.00～52.50	80.00～47.30	80.00～47.30	90.00～78.80	80.00～47.30
碘（毫克）	0.40～0.42	0.40～0.42	0.40～0.42	0.00～0.42	0.40～0.42
硒（毫克）	0.30～0.32	0.30～0.32	0.30～0.32	0.30～0.32	0.30～0.32

（四）　维生素

　　维生素作为动物必需的微量营养成分,对维持动物生命活动起着重要的营养生理作用。维生素主要以辅酶和催化剂的形式广泛参与动物体内代谢的多种化学反应,从而保证机体组织器官的细胞结构和功能,以维持动物的健康和各种生产活动的正常进行。目前已确定的维生素有14种,按其溶解性可分为脂溶性维生素和水溶性维生素两大类。脂溶性维生素包括维生素A、维生素D、维生素E、维生素K。水溶性维生素包括维生素C和维生素B。

　　综合国内研究结果,鹅饲粮维生素需要量建议值依据王宝维在《鹅饲料营养价值评价和营养需要量的研究现状与展望》中的分析,见表4-3至表4-6。

表4-3　肉鹅脂溶性维生素需要量建议值

营养成分	育雏期 （0~3周龄）	生长期 （4~6周龄）	肥育期 （7周龄至上市屠宰）
维生素A（IU）	$9.00\times10^3\sim9.50\times10^3$	$8.50\times10^3\sim9.00\times10^3$	$8.00\times10^3\sim8.40\times10^3$
维生素D_3（IU）	$1.60\times10^3\sim1.68\times10^3$	$1.60\times10^3\sim1.68\times10^3$	$1.60\times10^3\sim1.68\times10^3$
维生素E（毫克）	20.00~21.00	20.00~21.00	20.00~21.00
维生素K_3（毫克）	2.00~2.10	2.00~2.10	2.00~2.10

表4-4　种鹅脂溶性维生素需要量建议值

营养成分	育雏期 （0~4周龄）	育成期		产蛋期	休产期
		（5~9周龄）	（10~30周龄）		
维生素A （IU）	$10.00\times10^3\sim$ 10.50×10^3	$8.00\times10^3\sim$ 8.40×10^3	$6.00\times10^3\sim$ 6.30×10^3	$10.00\times10^3\sim$ 10.50×10^3	$6.00\times10^3\sim$ 6.30×10^3
维生素D_3 （IU）	450.00~ 472.00	400.00~ 420.00	400.00~ 420.00	400.00~ 420.00	400.00~ 420.00
维生素E （IU）	20.00~21.00	20.00~21.00	15.00~16.00	30.00~31.00	15.00~16.00
维生素K_3 （IU）	2.00~2.10	2.00~2.10	2.00~2.10	2.00~2.10	2.00~2.10

表4-5　肉鹅水溶性维生素需要量建议值

营养成分	育雏期 （0~3周龄）	生长期 （4~6周龄）	肥育期 （7周龄至上市屠宰）
维生素B_1（毫克）	2.20~2.30	2.20~2.30	2.20~2.30
维生素B_2（毫克）	5.00~5.25	4.00~4.20	4.00~4.20
维生素B_6（毫克）	3.00~3.15	3.00~3.15	3.00~3.15
生物素（毫克）	0.20~0.21	0.10~0.11	0.10~0.11
叶酸（毫克）	0.50~0.53	0.40~0.42	0.40~0.42
烟酸（毫克）	70.00~74.00	60.00~63.00	60.00~63.00
泛酸钙（毫克）	11.00~11.60	10.00~10.50	10.00~10.50
胆碱（毫克）	$1.40\times10^3\sim1.47\times10^3$	$1.40\times10^3\sim1.47\times10^3$	$1.40\times10^3\sim1.47\times10^3$
维生素B_{12}（微克）	25.00~26.00	20.00~21.00	20.00~21.00

表4-6　种鹅水溶性维生素需要量建议值

营养成分	育雏期 (0～4周龄)	育成期		产蛋期	休产期
		(5～9周龄)	(10～30周龄)		
硫胺素(毫克)	1.80～1.89	1.80～1.89	1.80～1.89	1.80～1.89	1.80～1.89
核黄素(毫克)	6.50～6.80	6.00～6.30	6.00～6.30	8.00～8.40	6.00～6.30
泛酸(毫克)	20.00～21.0	18.00～18.90	18.00～18.90	20.00～21.00	18.00～18.90
烟酸(毫克)	45.00～48.00	40.00～43.00	40.00～43.00	40.00～43.00	40.00～43.00
吡哆醇(毫克)	3.00～3.15	3.00～3.15	3.00～3.15	3.00～3.15	3.00～3.15
生物素(毫克)	0.20～0.21	0.15～0.16	0.15～0.16	0.20～0.21	0.15～0.16
胆碱(毫克)	1.30×10^3～1.37×10^3	1.30×10^3～1.37×10^3	1.20×10^3～1.26×10^3	1.30×10^3～1.37×10^3	1.20×10^3～1.26×10^3
叶酸(毫克)	0.55～0.58	0.55～0.58	0.40～0.42	0.55～0.58	0.40～0.42
维生素B_{12}(微克)	25.00～26.00	25.00～26.00	20.00～21.00	25.00～26.00	20.00～21.00

五　水

水是鹅重要的营养素之一。生命的全部过程都需要水的参与,包括养分和其他物质在细胞内外的转运,养分的消化和代谢,消化代谢废物和多余热量从体内排出,体内适宜体液环境和离子平衡的维持。

天然含水日粮中水分含量低,适口性较差,鹅的食欲低,进而影响鹅的采食量。若日粮含水量高,干物质含量低,营养物质所占比例相对较少。相关研究表明,当日粮含水量为60%时,鹅干物质采食量最高,而日粮含水量为70%和50%,干物质采食量最低。日粮含水量对干物质采食量有影响。当饲料原料浸润后,膨化作用增大了与消化道黏膜的接触面积,有利于日粮营养物质的消化吸收。日粮水分增加促进胃肠蠕动,缩短了营养物质消化吸收的时间。因而鹅对含水量为60%的日粮营养物质利用效率更高。

▶ 第二节 鹅的饲养标准

动物在安静状态下要满足维持生命的能量需要,在生产的过程中要满足生产需要,这就需要能量和各种营养物质。在平时,鹅对能量和各种营养物质需要的数量是相对稳定的。鹅的营养需要量是我们科学饲喂鹅的理论依据。鹅所需营养大部分是从采食的饲料中获得的,饲料是鹅生产生存的物质基础。

一 饲养标准的含义

不同种类、经济类型、品种、性别、生长阶段、体重、生理状态、生产性能等的动物对能量和各种营养物质需要量汇总及其具体使用方法一般被称为饲养标准。对动物所需要的一系列养分的供额就是饲养标准。一般饲养标准是根据大量的试验研究结果和动物生产实践经验总结而来的。要经专家审定,并经权威机构颁布发行,方能作为饲养标准。

饲养标准反映了动物生存和生产对饲料养分即能量和营养物质的客观要求。在动物生产中,要根据饲养标准来设计饲粮配方及生产饲料。

二 饲养标准的形式

一般来说,饲养标准是用两种形式表达的,分别是每日每个动物营养需要量和每千克饲料营养含量。定量饲养一般用前者,后者则用于自由采食条件下的动物。

饲料中含有大量的水分,而动物获取营养物质都是基于采食饲料干物质所获取的,不一样的饲料其水分和干物质含量变化浮动很大。由于

动物采食量有限,必须设定饲料的干物质含量以保证动物对养分的摄入量。现在各国的标准对饲粮干物质大多按风干物质或绝对干物质计算。

三 选择饲养标准的原则

日粮是指一个动物一昼夜所吃的各种饲料数量。要选择适宜的原料,按饲养标准规定的每日每个动物所需养分的数量进行搭配,可以配合出一个动物的日粮。

在生产实践当中,不可能只饲喂一个动物,大部分都是群养动物,所以在实际工作中需要配制大量全价配合饲料,然后慢慢地喂。将多种饲料原料按动物营养需要量科学组合而成的批量性全价配合饲料就称为饲粮。通俗来说,按日粮中的各种饲料原料百分比配制的大量配合饲料就是饲粮。

四 饲粮配制的原则

科学地配制饲粮是提高动物生产水平的重要技术措施。只有供给动物营养全面、平衡的饲粮,方能发挥动物的生产潜力、提高饲料效率和降低生产成本。对于提高动物的生产性能,降低饲料消耗,提高饲料利用率,降低饲料成本,进而提高经济效益有着重要的意义。饲粮配合应遵循的基本原则如下:

一是以饲养标准为依据,并结合生产实践经验,制订出符合要求的最佳日粮配方,满足鹅对各种营养的需要量。目前一些国家都已制定了畜禽的饲养标准,如美国、英国、加拿大和日本等都有自己的标准。目前,我们主要参考以上饲养标准,根据鹅状况、饲料品种、饲养管理、环境条件、饲料加工方法等实际情况,加以灵活运用,适当调整,不能照搬。

二是了解各类饲料的特性。对所选饲料的营养成分要清楚,只有在这个基础上才能根据标准进行鹅饲料配制。有条件的地方应利用自己

分析得到的营养成分数据,否则计算值和实际值不符,计算得再精确,按此配制出来的日粮也不会是全价平衡日粮。如果没有条件分析,必须借助饲料营养成分表时,需选用和当地相近、加工工艺相同的数据。

三是考虑饲料的多样化。最好用几种饲料原料进行配合,这样可以充分发挥各种原料之间的营养互补作用,以保证营养物质的完善,有利于提高日粮的消化率和营养物质的利用率。

四是饲料种类力求稳定。如果必须改变饲料种类和配制比例时,应逐渐更换,否则会导致鹅患上消化系统疾病,影响生产性能。

五是充分利用本地自然资源。配合日粮时必须结合当地的饲养经验和本地的自然条件,应尽量做到就地取材,充分利用当地饲料资源,以便制订出适合本地的鹅饲料配方。

六是注意营养平衡。能量和蛋白比例要符合饲养标准的规定,如日粮中能量高,则蛋白质的含量也应高一些;能量低,则蛋白质的含量也应相应低一些。还要注意氨基酸之间的平衡,特别是必需氨基酸的平衡。

七是考虑饲料卫生要求。所用饲料应质地良好,发霉变质的饲料不宜作配合饲料的原料。在饲料原料中,如米糠、花生饼等因脂肪含量高,容易发霉,容易感染黄曲霉菌而产生黄曲霉毒素,损害肝脏,严重的可能引发肿瘤。除此之外,还要注意选择那些没有受农药或其他有毒、有害物质污染的饲料。

八是控制各类饲料的大致用量。籽实类及加工副产品占30%～70%,块根茎类及其加工副产品(干重)占15%～30%,动物性蛋白占5%～10%,植物性蛋白占5%～20%,青饲料和草粉占10%～30%,钙粉和食盐酌情添加,并视具体需要使用一些添加剂。

九是控制某些饲料原料的用量。如豆科干草粉富含蛋白,在日粮中可占15%～30%;牡粉、血粉等虽然蛋白含量高,但消化率低,添加量应在5%以下。

十是饲料混合形式。①粉料混合：将各种原料加工成干粉后搅拌均匀，压成颗粒投喂。这种形式既省工省事，又防止鹅挑食。②粉、粒料混合：日粮中的谷实部分仍为粒状，混合在一起，每天投喂数次，含有动物性蛋白、钙粉、食盐和添加剂等的混合粉料另外补饲。③精、粗料混合：将精饲料加工成粉状，与剁碎的青草、青菜或多汁根茎类蔬菜等混匀投喂，钙粉和添加剂一般混于粉料中，沙粒可用另一容器盛置。后两种混合形式的饲料饲喂鹅时易造成某些养分摄入过多或不足。

十一是鹅的饲料配合方法。鹅饲粮配合的方法有许多种，如试差法（又称为凑数法）、四角法（又称方块法或对角线法）、公式法（又称代数法）和电子计算机法。鹅饲养中，如果未配备电子计算机，而饲料种类和营养指标又不多，应用前三种方法还是很简便的。但如果所用饲料种类多，需要满足的营养指标多，就必须借助于电子计算机。应用电子计算机可以筛选出营养完全、价格最低的饲粮配方。试差法是饲粮配合常用的一种方法。该方法先按饲养标准规定，根据饲料营养价值表先粗略地把所选饲料试配合，计算其中主要营养指标的含量，然后与饲养标准相比较，对不足的和过多的营养成分进行增减调整，直至所配饲粮达到饲养标准规定要求为止。

十二是降低饲料生产成本。有条件的单位和个人可选用有饲料配方的电脑程序进行配料。做到质优价廉，从而提高经济效益。

▶ 第三节　鹅的饲料种类

饲料通常可以分为能量饲料、蛋白质饲料、青绿饲料、矿物质饲料、维生素饲料，及饲料添加剂等。了解各种饲料的营养特点与影响其品质的因素，对于合理调制和配合日粮，提高饲料的营养价值具有重要意义。

一 能量饲料

能量饲料是指饲料干物质中粗纤维含量小于18%,粗蛋白质含量小于20%的饲料。这类饲料在鹅日粮中占的比重较大,是能量的主要来源,包括谷实类及其加工副产品。

1.谷实类饲料

谷实类饲料包括玉米、大麦、小麦、高粱等粮食作物的籽实。其营养特点是淀粉含量高,有效能值高,粗纤维含量低,适口性好,易消化。但其粗蛋白含量低,氨基酸组成不平衡,色氨酸、赖氨酸、蛋氨酸少,生物学价值低,矿物质中钙少磷多,植酸磷含量高,鹅不易消化吸收,另外还缺少维生素D。因此,谷实类饲料在生产上应与蛋白质饲料、矿物质饲料和维生素饲料配合使用。

(1)玉米。玉米可分黄玉米和白玉米,其能量价值相似。玉米含有大量优质淀粉,热量高,适口性好,易于消化,是鹅的良好能量饲料。但玉米的蛋白质含量仅为8%~8.7%,必需氨基酸不平衡,尤其缺乏赖氨酸、蛋氨酸、色氨酸、矿物质和维生素E,所以在配制以玉米为主体的全价配合饲料时,与大豆粕(饼)及鱼粉搭配,容易达到氨基酸之间的平衡。一般情况下,玉米用量可占到鹅日粮的30%~65%。玉米含脂肪多,粉碎后不宜久放,夏季放置不宜超过5天,春、秋季放置不宜超过7天,冬季放置不宜超过15天,否则脂肪易氧化变黄,适口性差。

(2)小麦。小麦含能量高,蛋白质含量相对较高,粗纤维少,维生素B含量较丰富,适口性好,其粗蛋白质含量在禾谷类中较高,占12%~15%,但缺乏维生素D和无机盐,黏性较大,还缺乏苏氨酸、赖氨酸,钙、磷比例也不合理,使用时必须与其他饲料配合。

(3)大麦。大麦能量水平低于玉米和小麦,适口性较好。粗纤维含量高于玉米,粗蛋白质含量较高,占11%~12%,品质优于其他谷物,维生

素B含量丰富。但大麦外壳粗硬,不易消化,宜破碎并限量使用。大麦在鹅饲料粮中的用量一般为15%~20%,雏鹅应限量。

(4)高粱。高粱所含蛋白质含量与玉米相当,但品质较差,其他成分与玉米相似。由于高粱含单宁较多,味苦,适口性不如玉米、麦类,并影响蛋白质、矿物质的利用率,因此在鹅日粮中应该注意使用的量,夏季占比控制在10%~15%,冬季在15%~20%为宜。

(5)燕麦。粗蛋白质含量为9%~11%,含赖氨酸较多,但粗纤维含量也高,达到10%,在鹅的日粮中可搭配30%以上。

(6)稻谷。含有优质淀粉,热量低于玉米,适口性好,易消化,适于肥育期使用,但所含蛋白质比玉米低,并缺乏维生素A、维生素D,无机盐少,在饲养效果上不及玉米。在鹅的日粮中可占50%~70%。

(7)小米。含有较优质蛋白质和维生素B、维生素A、维生素D,营养成分好,适口性强,是雏鹅的理想饲料,尤其是雏鹅开食时的好饲料。在饲喂雏鹅时,最好经开水浸泡或煮半熟后与青菜混合喂给雏鹅。

(8)碎米。是碾米厂筛出来的细碎米粒,淀粉含量高,纤维素含量低,含粗蛋白质约8.8%,价格低廉,容易消化吸收,但缺乏维生素A、维生素B、钙和黄色素,亮氨酸含量较低,可用来代替部分玉米,用量可占日粮的30%~50%,为常用的开食料。

(9)杂草籽。种类很多,营养价值差别较大,各种无毒、无异味、适口性好的杂草籽都可粉碎后喂鹅。在成年鹅的饲料中可搭配20%左右。

2.糠麸类饲料

糠麸类饲料是谷类籽实加工制米或制粉后的副产品。其特点是无氮浸出物比谷实类饲料少,粗蛋白含量与品质居于豆科籽实与禾本科籽实之间,粗纤维与粗脂肪含量较高,易酸败变质,矿物质中磷大多以植酸盐的形式存在,钙、磷比例不平衡。另外,糠麸类饲料来源广、质地松软、适口性好。

（1）麦麸。包括小麦、大麦等的麸皮,蛋白质、磷、镁和维生素B含量较高,适口性好,质地蓬松,具有轻泻作用,是饲养鹅的常用饲料,但粗纤维含量高,应控制用量。一般雏鹅和产蛋期占日粮的5%~15%,育成期占10%~25%。

（2）米糠。米糠是糙米加工成白米时分离出的种皮、糊粉层、胚,及少量胚乳的混合物。因其粗脂肪含量高,极易氧化酸败,故能长时间存放。米糠中粗蛋白质含量低于小麦麸,约为12%,但蛋铋酸含量高达0.25%,与豆粕配伍较好。米糠中含有丰富的磷、维生素E、维生素B、烟酸,但钙的含量较少。由于米糠中粗纤维含量高,影响了消化率,同样应限量使用。一般占雏鹅日粮的5%~10%,育成期占10%~20%。

3. 糟渣类饲料

糟渣类饲料来源广,价格低廉,种类多,如糠渣、黄(白)酒糟、啤酒糟、甜菜渣、味精渣等,含有丰富的矿物质和维生素B,多数适口性良好,其添加量有的甚至可达40%。但是这类饲料含水量高,易腐败、发霉、变质,饲喂时必须保证其新鲜,同时,在育肥后期和产蛋期应减少喂量。

这类饲料含水量高,自然状态下一般为70%~90%。干物质中淀粉含量高,纤维少,蛋白质含量低,缺乏钙、磷,维生素含量差异大。常用的有木薯、甘薯、马铃薯、胡萝卜、南瓜等,由于适口性好,鹅都喜欢吃,但其养分往往不能满足需要,用其饲喂时应配合其他饲料。

（1）木薯。木薯分为苦味种和甜味种两大类。其块根富含淀粉,食用与饲用皆可。食用苦味木薯易中毒。木薯的蛋白质含量低,仅为1.5%~4.0%,且品质差。木薯的赖氨酸与色氨酸含量高,但缺乏蛋氨酸和胱氨酸。磷含量低,而钙、钾含量高。微量元素及维生素含量几乎为零。脂肪含量也低。木薯中的植酸会与钙、锌结合而形成不溶性盐类,故应补充钙、锌。由于木薯含有生长抑制因子,大量(含量达50%)使用会出现适口性差,生长减慢及死亡率增加,故以使用10%以下为宜。

（2）甘薯。又名红薯，是我国种植最广、产量最多的薯类。块根、茎叶皆可喂鹅。块根含有丰富的淀粉和糖，蛋白质和维生素含量很低，可作为鹅的能量饲料。鲜甘薯蒸熟喂鹅，能调剂饲料适口性，特别是在饲料中搭配高粱时，饲喂适量甘薯可增加鹅的采食量。一般成年鹅每只每日可喂150～300克熟甘薯。注意有黑斑病及腐烂的薯块不能喂鹅，以防中毒。

（3）马铃薯。又称土豆，也是一种重要的饲料作物。马铃薯块茎中80%左右是淀粉，含量略高于甘薯；粗蛋白质含量约为11%，高于木薯和甘薯；赖氨酸含量高于玉米。维生素（除胡萝卜素外）含量近于玉米。鹅喜欢吃熟马铃薯，可代替60%的谷物饲料。马铃薯熟喂不仅能提高其他饲料的消化率，还可改进饲料的适口性。通常每只成鹅以日喂200～400克为宜，超过400克会导致鹅排出黏液性粪便，达到750克时会引起消化道机能紊乱。煮马铃薯的汤不得喂鹅，以免中毒。

（4）胡萝卜。胡萝卜产量高，营养丰富，易栽培，耐贮存，是冬、春季重要的多汁饲料，且有蔗糖和果糖，故有甜味。富含胡萝卜素，还有大量钾盐、磷盐和铁盐等。胡萝卜宜生喂，以免胡萝卜素、维生素C、维生素E遭到破坏。通常每只成鹅每天最大喂食量不超过400克，一般可喂100～150克。

（5）南瓜。又名倭瓜，为优质高产的饲料作物。南瓜营养丰富，耐贮藏和运输。中国南瓜富含淀粉，而饲用南瓜含果糖和葡萄糖较多。以切碎生喂为宜，一般每只成鹅每天可喂150～300克。

（6）糖甜菜。含糖量高，是养鹅较好的块根饲料。在鹅的日粮中搭配适量甜菜，可使日粮中营养物质的消化率和吸收率提高15%～18%，还能增加蛋中糖原贮存，提高胚胎的生命力和出雏率，还可改善饲料的适口性。鹅日粮中糖甜菜的最大用量在350～400克。但必须切碎生喂，切忌煮熟喂，以防中毒；饲喂时由少到多，逐渐增加饲喂量。

二 蛋白质饲料

蛋白质饲料是指干物质中粗纤维含量在18%以下、粗蛋白含量大于或等于20%的饲料。可分为动物性蛋白质饲料、植物性蛋白质饲料。

1.动物性蛋白质饲料

这类饲料主要包括鱼粉、肉粉、肉骨粉、血粉、羽毛粉、蚕蛹粕（粉）等，其共同特点为蛋白质含量高、氨基酸组合好、矿物质丰富、维生素B丰富，尤以维生素B_{12}为甚，不含纤维素，易消化吸收，种类多，其营养成分因原料、加工、贮存等因素而异。动物性蛋白质饲料含有一定数量的油脂，容易酸败，影响产品质量，并容易被病原细菌污染。

（1）鱼粉。包括进口鱼粉和国产鱼粉，是鹅生长、繁殖、产蛋、长羽毛的必需饲料。进口鱼粉一般用全鱼制成，蛋白质含量为60%～70%，且蛋白质品质好，必需氨基酸齐全，富含蛋氨酸、赖氨酸和胱氨酸，而精氨酸含量却较少，这正与大多数饲料的氨基酸组成相反。故使用鱼粉配制饲粮时，很容易在蛋白质水平满足要求时，氨基酸组成也容易平衡。含钙5%～7%、磷2.5%～3.5%，比例适宜，而且磷的利用率也高。另外，鱼粉中含有脂溶性维生素，水溶性维生素中核黄素、生物素和维生素B_{12}的含量丰富。其中，微量元素铁、锌、硒等含量也较高，鱼粉是最好的蛋白质饲料。国产鱼粉的质量差异较大，蛋白质含量高者可达60%，低者不到30%，并且含盐量较高，因此，在日粮中的配合比例不能过高。尽管鱼粉的质量好，但由于鱼粉价格昂贵，用量受到限制，通常在日粮中用量为2%～8%，主要配合植物性蛋白质饲料使用。

（2）肉骨粉。是屠宰场动物下脚料及废弃屠体，经高温、高压灭菌后的产品。肉骨粉的营养成分及品质取决于原料种类、成分、加工方法、脱脂程度、贮藏期等。一般蛋白质含量为20%～50%，赖氨酸含量较高，但蛋氨酸、色氨酸含量较鱼粉低。肉骨粉中钙、磷含量高，比例平衡，B族维

生素含量高,是比较好的蛋白质饲料。一般在日粮中的适宜添加量在5%左右。但应注意,如果处理不好或者存放时间过长、发黑、发臭,则不能作饲料用,以免引起鹅瘫痪、瞎眼、生长停滞,甚至死亡。

(3)血粉。是屠宰场的另一种下脚料,是屠宰牲畜所得血液经干燥后制成的产品。蛋白质的含量很高,为80%~82%,精氨酸的含量很低,故与花生仁饼、粕或棉仁饼、粕配伍可得到较好的饲养效果。色氨酸的含量相对也较低,应在配料时注意。血粉有特殊的臭味,适口性差,用量不宜过多,可占日粮的1%~3%。

(4)羽毛粉。由各种家禽屠宰后的羽毛以及不适于做羽绒制品的原料制成。一般采用高压加热水解法、酸碱水解法、微生物发酵或酶处理法、膨化法制作羽毛粉。含粗蛋白质83%以上,但蛋白质品质差,赖氨酸、蛋氨酸和色氨酸含量很低,胱氨酸含量高。羽毛粉适口性差,不容易被消化吸收,在日粮中使用主要用于补充含硫氨基酸,用量不可超过3%。

(5)蚕蛹粉。是蚕蛹经干燥、粉碎后的产物,其粗脂肪含量可达22%,蛋白质含量为60%~68%,蛋氨酸、赖氨酸和色氨酸含量高,且富含钙、磷及B族维生素,是优质蛋白质。蚕蛹粉的不饱和脂肪含量高,贮存不当易变质、氧化、发霉和腐烂。蚕蛹粉一般占日粮的5%左右,用量过大会影响产品质量。

(6)河蚌、螺蛳、蚯蚓、小鱼。这些均可作为鹅的动物性蛋白质饲料利用,但喂前应蒸煮消毒,防止腐败。有些软体动物肉(如蚬肉)中含有硫胺酶,能破坏维生素B_1,如果鹅食用大量的蚬,可能会导致所产蛋中维生素B_1缺少、死胎多、孵化率低,雏鹅易患多发性神经炎,俗称"蚬瘟",应予注意。这类饲料用量一般可占日粮的10%~20%。

(7)饲用酵母。在一些饲料中接种专门的菌株发酵而成,既含有较多的能量和蛋白质,又含有丰富的B族维生素和其他活性物质,且蛋白质消化率高,能提高饲料的适口性及营养价值,对雏鹅生长和种鹅产蛋均

有较好作用。一般在日粮中可占2%~4%。

(8)蚯蚓。蚯蚓蛋白质含量高,是喂鹅的良好的动物性饲料之一。蚯蚓喂鹅可以生食,饲用量可占精料的60%~70%,即每只鹅每天饲用量为100~150克。种鹅长期饲喂蚯蚓,鹅体健壮,羽毛丰满光亮,产蛋期延长。

(9)蝇蛆。可饲喂10日龄以上的雏鹅,喂量开始宜少,逐渐增加,最多喂至半饱为宜。以白天投喂较好,在傍晚投喂的宜在天黑以前喂完,以免鹅吃蝇蛆后口渴找不到水喝,造成不安。喂饱的鹅不要马上下水,如食入过量,可按饲料的0.1%~0.2%喂服酵母。

(10)黄粉虫。黄粉虫的幼虫、蛹和成虫都可作为鹅的饲料,可活食,也可烘干保存,作为干饲料。一般以幼虫(20~30毫米长)为宜。

2.植物性蛋白质饲料

植物性蛋白质饲料包括豆科籽实、油料饼粕类和其他制造业的副产品。鹅常用的是饼粕类饲料,饼一般是指油料籽实用机械提取油后的副产品,粕则是主要用溶剂浸提脱油后的副产品。常见的有大豆饼粕、菜籽饼粕、棉仁饼粕、花生饼粕等。这类饲料的特点是蛋白质含量高、品质好;粗脂肪含量变化大,油料籽实在30%以上,非油料籽实只有1%左右,饼粕类为1%~10%;粗纤维含量较低,矿物质含量与谷类籽实近似,钙少磷多,且主要为植酸磷;维生素B较丰富,而维生素A、维生素D较缺乏。此类饲料大多含一些抗营养因子,经适当加工调制可以提高其饲喂价值。

(1)大豆饼(粕)。大豆类是我国养鹅业普遍应用的优良植物性蛋白质饲料,蛋白质含量为40%~50%,其品质接近于动物性蛋白,含赖氨酸较多,但蛋氨酸、胱氨酸含量不足。试验证明,大豆饼(粕)添加一定量的合成蛋氨酸,可以代替部分动物性蛋白质饲料。此外应注意,大豆饼(粕)中含有抗胰蛋白酶等有害物质,因此使用前最好应经适当的热处

理。目前国内一般多用3分钟110℃热处理,其用量可占鹅日粮的10%～25%。

(2)菜籽饼(粕)。菜籽饼(粕)是菜籽榨油后的副产品,其粗蛋白质含量在31%～32%,其赖氨酸比大豆饼少,钙、磷、锰和硒比大豆饼含量高。但是,菜籽饼(粕)含有芥子硫苷等,过多饲喂会损害鹅的甲状腺、肝、肾,严重时中毒死亡。此外,菜籽饼(粕)有辛辣味,适口性不好,因此饲喂时最好应经过浸泡加热,或采用专门解毒剂(如6107菜籽饼解毒剂)进行脱毒处理。在鹅的日粮中其用量一般应控制在5%～8%。

(3)棉籽饼(粕)。棉籽饼(粕)是提取棉籽油后的副产品,有带壳与不带壳之分,其营养价值也有较大差异,含粗蛋白质32%～37%,脱壳的棉籽饼粗蛋白质可达40%,精氨酸含量高,但赖氨酸和蛋氨酸含量偏低。棉籽饼(粕)中存在游离棉酚,会影响动物细胞、血液和繁殖机能。可采用长时间蒸煮或0.05%硫酸亚铁溶液浸泡去毒等方法,以减少棉酚对鹅的毒害作用。在日粮中应控制用量,雏鹅及种用鹅不超过8%,其他鹅为10%～15%。

(4)花生饼(粕)。花生饼(粕)是花生榨油后的副产品,也分去壳与不去壳两种,以去壳的较好。花生饼(粕)的成分与大豆饼(粕)基本相同,略有甜味,适口性好,可代替大豆饼(粕)饲喂。花生饼(粕)含脂肪高,在温暖而潮湿的地方容易腐败变质,产生剧毒的黄曲霉毒素,因此不宜久存。用量约占日粮的5%～10%。

(5)亚麻籽饼(胡麻籽饼)。亚麻籽饼蛋白质含量在29.1%～38.2%,高的可达40%,但赖氨酸仅为大豆饼的1/3。亚麻籽饼含有丰富的维生素,尤以胆碱含量为多,而维生素D和维生素E很少。此外,它含有较多的果胶物质,遇水膨胀而能滋润肠胃的黏性液体,是雏鹅、弱鹅、病鹅的良好饲料。亚麻籽饼虽含有毒素,但在日粮中搭配10%左右不会发生中毒。最好与含赖氨酸多的饲料搭配在一起喂鹅,以弥补其赖氨酸含量低

的缺陷。

(6)葵花籽饼(粕)。经分析,不带壳的葵花籽饼(粕)粗蛋白质含量为49.7%。带壳的葵花籽饼(粕)的粗蛋白质含量为31.1%。另外,有些重要的氨基酸含量都较丰富,其中赖氨酸1.7%,蛋氨酸1.5%,色氨酸1.5%。缺点是粗纤维较多。

(7)豆腐渣。干物质中,粗蛋白质含量为28.9%,粗纤维含量为18%。鲜豆腐渣易酸败,应晒干、粉碎喂。生豆腐渣和生大豆饼一样含有抗营养物质,应加热到100℃后喂。干喂时可在日粮中搭配10%～20%,鲜喂时每只成鹅每日喂100～150克。

(8)啤酒糟。啤酒糟含粗蛋白质25%左右,有的可达28%,是一种廉价的蛋白质饲料。一般在鹅日粮中可搭配15%～20%干啤酒糟。

三 青绿饲料

青绿饲料主要包括牧草类、叶菜类、水生类、根茎类等,具有来源广泛、成本低廉的优点,是养鹅最主要、最经济的饲料。

青绿饲料的营养特点是干物质中蛋白质含量高,品质好,钙含量高,钙、磷比例适宜;粗纤维含量少,消化率高,适口性好;富含胡萝卜素和维生素B。但青绿饲料一般含水量较高,干物质含量少,有效能值低,因此在放牧饲养条件下,对雏鹅、种鹅要注意适当补充精料,通常鹅的精饲料与青绿饲料的重量比例为雏鹅1:1,中鹅1:2.5,成鹅1:3.5。青绿饲料在使用前应进行适当调制,如清洗、切碎或打浆,这有利于采食和消化。还应注意避免有毒、有害物质的影响,如氢氰酸、亚硝酸盐、农药中毒,以及寄生虫感染等。在使用过程中,应考虑植物不同生长期对养分含量及消化率的影响,适时刈割。由于青绿饲料具有季节性,为了做到常年供应、满足食草动物的要求,可有选择地人工栽培一些生物学特性不同的牧草或蔬菜。

四 矿物质饲料

各类饲料都或多或少地含有矿物质,但在一般情况下不能满足鹅的矿物质需要,因此,要用矿物质饲料加以补充,对促进雏鹅的生长发育、提高种鹅的产蛋量起很大的作用。鹅日粮中常用的矿物质补充料有食盐、骨粉、贝壳粉、石粉等。

1.食盐

鹅饲料中食盐的用量:雏鹅,占精料的0.25%~0.3%;成鹅,占精料的0.4%~0.5%。

2.骨粉

骨粉是钙与磷平衡的矿物质补充料,骨粉用量为1%~2.6%。

3.石粉及贝壳粉

石粉、贝壳粉的主要成分均为碳酸钙,是钙的良好补充料。石粉、贝壳粉的喂量,雏鹅可为饲料的1%,成鹅为5%~7%。

4.沙粒

沙粒对鹅来说也很重要,其主要作用是帮助鹅的肌胃研磨饲料,提高饲料的消化率。在放牧条件下,鹅群会自行采食沙粒,通常不会缺乏。但应在长期舍饲的鹅的日粮中加入2%的沙粒,或在其舍内放置沙盘,任其自由采食。

五 维生素饲料

鹅一般不缺乏维生素,但在进行舍饲时,应采用含维生素丰富的青绿饲料作为维生素补充饲料。此外,还有各种草粉及叶粉类,如苜蓿草粉、聚合草粉、柿花叶、刺槐叶粉、紫穗槐叶粉。另外,胡萝卜、南瓜也都是维生素饲料的来源。

六 鹅饲料添加剂

添加剂是指那些在常用饲料之外,为某种特殊目的而加入配合饲料中的少量或微量物质,包括营养性饲料添加剂和非营养性饲料添加剂两类。

1.营养性饲料添加剂

营养性饲料添加剂是指动物营养上必需的那些具有生物活性的微量添加成分,主要用于平衡或强化日粮营养,包括氨基酸添加剂、维生素添加剂和微量元素添加剂等。使用营养性饲料添加剂时应根据使用对象及具体情况,按产品说明书添加。

2.非营养性饲料添加剂

此类添加剂种类繁多,如抗生素、酶制剂、益生素、饲料防霉剂等。非营养性饲料添加剂不是饲料内固有的营养成分,而是外加到饲料中以提高饵料效率的部分。

(1)抗生素。抗生素是一些特定微生物在生长过程中的代谢产物。除用作防治疾病外,也可作为生长促进剂使用,特别是在卫生条件和管理条件不良的情况下,效果更好。在育雏阶段或高密度饲养时,加入低剂量抗生素,可提高鹅的生产水平,改善饲料报酬,促进健康,常用的有土霉素、金霉素、杆菌肽锌、多黏菌素、恩拉霉素、泰乐菌素、维吉尼霉素、北里霉素等。使用抗生素添加剂时,要特别注意长期使用和滥用抗生素产生抗药性和产品中的残留问题,要了解药物的使用和禁用范围,严格控制用量,并按规定停药。

(2)酶制剂。酶的作用是通过生化反应促进蛋白质、脂肪、淀粉和纤维的分解,因此有提高饲料利用率和促进动物增重的作用。幼龄动物,特别是初生动物,因消化道尚未发育完全,导致酶产量和肠道吸收能力降低,因此减弱对谷实及其他植物性饲料的消化能力。若在幼龄动物的

日粮中添加适量酶制剂,则有助于减少,甚至逆转上述不良后果,有利于营养物质的消化吸收。目前常用的酶制剂有木聚糖酶、3-葡聚糖酶、淀粉酶、蛋白酶、纤维素酶、植酸酶和混合酶制剂等。实际生产中应根据饲料原料的种类和鹅的生长阶段选择适当的酶制剂。

(3)益生素。益生素是一种通过改善小肠微生物平衡而产生有利于宿主物的微生物饲料添加剂。它能改变肠道微生物区系,排除或控制潜在的病原菌;能产生消化酶,与体内的酶共同起作用,促进饲料消化等。添加益生素能提高鹅的增重和饲料利用率,降低发病率,减少或取代抗生素的使用,减少鹅产品中抗生素的残留,提高产品质量,降低成本。

(4)饲料防霉剂。在高温高湿季节,饲料容易霉变,这不仅影响适口性,降低饲料的营养价值,还会引起动物中毒,因此在贮存的饲料中应添加防霉剂。在饲料中加一些抗氧化剂和防霉剂可以延缓这类不良的变化。常用的抗氧化剂有乙氧基喹啉、丁羟基茴香醚、二丁基羟基甲苯,一般用量为 0.01% ~ 0.02%。常用的防霉剂有丙酸、丙酸钠、丙酸钙、双乙酸钠,常用量为 0.1% ~ 0.2%。

第五章 鹅养殖模式介绍

第一节 我国养鹅的基本模式

鹅的饲养模式要根据地理环境、牧草资源和人力情况来制定。条件好的可全程舍饲,选用高能量、低蛋白的自配料或商品配合料,一边喂料一边供水,让其尽量吃饱。同时可填补一些青绿饲料,让鹅长得快。在农村最好的饲养方式是,前期在鹅舍内饲养,后放牧与舍饲相结合。放牧与舍饲可充分利用自然资源,节省精料,降低成本,达到迅速育肥的目的。放牧与舍饲应选择牧草丰富的牧场,每天两次,放牧归来,根据觅食情况再补全面配合的饲料。下面介绍几种常见的饲养模式。

图5-1 散养模式

一 散养模式

散养模式(图5-1)是我国传统的饲养模式,在农家院进行小规模饲养。

1.散养的优势

如今,我国农村仍存在这种散养模式,一方面可以让许多农村闲余人员和部分无业职工有新的就业机会;另一方面可以用农家自产的剩余精、粗饲料饲喂,减少饲料浪费。同时,这种传统的散养模式更能经受住市场波动所带来的影响。

2.散养的弊端

散养模式受规模小、效率低、生产分散、防疫,及用药不规范等局限。畜禽舍内没有排污设施,污水乱淌;病死畜禽随处可见;畜禽大小、品种不一,生产销售不同步;大部分养殖户不懂防疫消毒,更没有防疫消毒计划,容易使鹅患病。这种模式无法建立区域生物安全体系,容易导致鹅的商品化、标准化、组化、集约化、产业化,以及国际化程度较低,畜禽产品的市场竞争力不高。

二 圈养模式

圈养模式(图5-2)是在鹅长到20日龄后圈上饲养。要搭建一个能防风沙、防雨水的圈棚,棚外再挖一个浅水池(图5-3)让鹅戏水,棚内垫沙。

图5-2　圈养模式　　　　　　图5-3　浅水池

1.圈养的优势

便于集中管理。因配食量统一,鹅的生长发育能达到一致,是规模化养殖的雏形。对短期鹅的育肥作用十分明显,能够集中防疫。

2.圈养的弊端

一是提高养殖成本。鹅不能自然采食,只能按计划进行青饲料供应,并辅以各种精饲料,提高了物力、人力成本。

二是圈养导致鹅的活动量减少,环境的适应性差,免疫力下降,极易造成流行病的暴发,致使鹅集群性死亡,所以进行计划性免疫是圈养方式的关键。

3.对栏舍设施的要求

对栏舍的基本要求是尽量宽敞,能够遮风挡雨,通风采光良好。为了节省投资,鹅舍可以利用闲置厂房、农舍,农村还可以在田间地头搭建简易棚舍。无论什么样的圈养肉鹅栏舍都要求舍内不能潮湿,垫草要干净、干燥、松软。圈养肉鹅要求有较大的室外运动场,在天气情况良好的时候,应当让鹅群有较多的时间在运动场上活动。

舍内设置有以下三种方式:

(1)栅饲。将舍内地面用木条、竹条、树枝等围成许多小的围栏,每个围栏大小为1～2平方米,可饲养育肥鹅5～10只。料槽和饮水器放在栏外,让鹅只从间缝中伸头采食和饮水。围栏的高度一般为50～60厘米,有的地方在围栏上加栅栏状遮挡物,鹅只不能抬头伸颈鸣叫。栅饲适合农村小规模肥育仔鹅,肥育时间较短,一般从50日龄开始抓入栅栏内育肥。由于群体较小,便于喂食和管理,鹅只生长均匀。

(2)圈养。将鹅舍内用砖或竹木隔成几个大的圈栏,每个圈面积为15～25平方米,每平方米饲养4～6只育肥鹅。圈栏的高度为50～60厘米。料槽和饮水器放置在圈内,圈外最好连接有河塘,供鹅自由采食和洗浴。圈养适合大规模集约化饲养,从育雏结束后可以将鹅放入圈中,管理方便。圈养育肥在入圈前要进行挑选,体形过大、过小的鹅只要单独饲喂;否则,会影响群体的均匀度。

(3)棚架。在华南一带,地面潮湿,可以用竹条搭成棚架,棚架的高

度为60厘米左右,将鹅养在棚架上,与粪便和潮湿的垫料隔离,有利于疾病的预防和仔鹅的生长。棚架的大小以饲养5～10只鹅为宜,面积为1～2平方米。四周用竹条围起,料槽和饮水器放在栏外。

4.圈养肉鹅的管理

圈养肉鹅的管理目标是保证饲养的仔鹅成活率高,生长均匀一致,上市日龄早,产品质量高。为了达到上述要求,应做好以下工作:

(1)入舍前分群。育肥前的仔鹅来源不同,个体差异较大,应尽量将同一品种、同一性别、体重相近的鹅只放入同一栏内。注意饲养密度合适,保证均匀生长。对于弱小的仔鹅,切不可放入大群。

(2)做好栏舍内的卫生工作。在棚饲和圈养时,垫草潮湿后要及时更换。定期清洗消毒料槽和饮水器,舍内地面、鹅只、用具也要定期喷洒消毒。

(3)做好疫苗接种工作。育肥仔鹅易患的传染病有小鹅瘟、鹅副黏病毒病和巴氏杆菌病,需要通过接种疫苗或注射血清、使用药物进行预防。

(4)注意运动和洗浴。圈养育肥时,在天气良好的情况下可以让鹅群每天到运动场活动一定时间(温度较高则活动时间稍长,温度低则活动时间稍短),室外活动有利于保持室内的卫生状况,有助于增强仔鹅的体质,有助于羽毛生长,有利于提高增重速度和整齐度。当外界温度高于14℃,每天中午应让鹅群下水游泳1次,时间为30分钟;外界温度高于25℃则应延长洗浴时间或增加洗浴次数。

(5)保持合适的饲养密度。饲养密度指单位鹅舍内面积饲养鹅的数量。圈养肉鹅要把饲养密度控制好,饲养密度高容易造成鹅舍内空气污浊、垫草潮湿、羽毛脏乱、体质虚弱、均匀度差、平均体重偏低等问题。一般冬季和早春外界气温低,鹅群到室外活动少的情况下饲养密度要适当低一些;仲春后气候温暖,鹅群较多时间在室外活动,饲养密度可稍大

一些。

三 种草养鹅

在草地和池塘较少的平原农区,利用闲地或耕田种植优质牧草,把种植业和养鹅业结合起来。种草养鹅不仅解决了养鹅的饲草问题,使养鹅业得到发展,还让农民从中获得了巨大收益。在种草养鹅的过程中,要切实做好以下几个方面。

1. 种好牧草

首先,要选择好草种,才能种好牧草,达到既高产,食性又好,还能满足不同季节供草的需要。选择草种应以口感好、产量高、能满足不同季节需要的草为主。夏、秋季野生杂草较好,可以利用,冬季和早春青饲料短缺。草种选择应以冷季型牧草为主(如多花黑麦草、冬牧70黑麦)、以暖季型牧草为辅(如菊苣、苦荬菜等)。

其次,加强田间管理。一般草的种子比麦种要小得多,精耕细作、平整土地就显得十分重要。要想出苗齐、长得好,还得开好一套沟,加强水肥管理和苗期除草工作,要像种蔬菜那样精心种植牧草。

再次,合理利用,尽量割草养鹅,采用草架饲喂,提高单位面积载禽量。合理利用青草的原则是适当留茬,抓准时机刈割,以促进再次生长。饲喂鹅苗需嫩草,刈割间隔时间宜短。青年鹅消化能力强,待牧草长到20~30厘米高时,再进行刈割。后期要增加刈割频率,可减缓牧草衰老,延长利用时间。

2. 养好仔鹅

养好仔鹅,一要搭建棚舍,最好选择地势高、通风好、水源足、排水畅的地方,棚舍要达到防漏、保温、通风的要求,面积按10只/平方米计算。附近要有池塘或河流让鹅洗浴。配备供温设施,确保冬季育雏成功,否则有草不能养鹅,造成浪费。还要配备料槽、水槽、草架等其他设备。二

要备足补饲精料,单靠吃草不能满足鹅的生长发育需要,每只仔鹅需饲料6~7千克。补喂原则是育雏期精饲料和青饲料各占一半,并逐渐减少。青年期以青草为主食,后期增加用料量,催肥上市,还要根据膘情灵活掌握。三要做好疾病防控和饲养管理工作,实施"两针一驱"的模式,即做好1日龄小鹅瘟疫苗注射;15日龄鹅副黏病毒疫苗注射;40日龄用广谱驱虫药驱虫。平时注意观察鹅群,做到"三看":一看精神、二看采食、三看粪便,发现问题及时处理。抓好温度、湿度、空气新鲜度的控制和日常消毒卫生工作。

3.搞好草鹅结合

种草和养鹅,彼此相连,只有紧密结合才能获得成功。种草、养鹅是一项工程,要规划好种草的品种、面积和养鹅的数量及批次。

4.时间安排

养鹅生产主要集中在上半年,适宜种植多花黑麦草。多花黑麦草为禾本科越年生牧草,秋季播种,生长到第二年夏季死亡。其再生能力强,耐刈、耐牧,可以多次收割利用。产量较高,每667平方米鲜草产量为5 000千克以上,肥水充足时8 000~9 000千克。黑麦草品质优良,适口性好,鹅喜食。对于种鹅下半年需要的青饲料,可以种植苏丹草解决。苏丹草是一年生牧草,春季播种,秋季死亡,供草期为6—10月份,每667平方米鲜草产量为4 000~5 000千克。虽然产草量、草品质和适口性不太理想,但容易栽培,只要掌握最佳刈割时间,还是能满足养鹅需要的。

到了下半年,随着各种优良品种鹅的推广,孵坊开孵时间提前,11月份就有鹅苗供应,多花黑麦草应在10月下旬收割,在水稻前7~10天套播。这样,多花黑麦草当年11月底至12月初就可以收割利用。以后根据草的生产情况和鹅的需要反复收割,一般在黑麦草株高为30~60厘米时刈割。从播种至翌年5月底可收割4~5次,每次相隔25天左右。苏丹草适宜春播,一般在株高为70~80厘米时刈割利用。饲养商品鹅在11

月份即可购进鹅苗,以充分利用多花黑麦草。饲养种鹅,在清明前选留符合品种要求的种鹅,根据孵坊需要种蛋的时间做到适时开产。

(四) 鱼鹅立体化养殖模式

这是一种环保的养殖模式,即生态养殖模式——鱼鹅立体化养殖。据统计,同等条件下鱼鹅综合养殖比鱼鹅单养可以提高经济收益三成以上。

1.鱼鹅立体化养殖的优势

首先,鹅能为鱼池增氧。只要遇到气候变化的时候,鹅都会争先恐后地跃入水中,洗澡、追逐,使水花上下翻腾,给鱼池增加了许多新的氧气。

其次,鹅能为鱼提供饵料。鹅在池塘中捕食水生植物和生物,而其粪便又成了鱼类的饵料和池塘浮游生物的优质肥料。鱼鹅立体化养殖使鱼鹅共赢,节省了不少饲料。

再次,鱼池为养鹅提供清洁环境。成年种鹅在水中配种的成功率比在地面配种高出很多,还可减少鹅的发病概率。

2.鱼鹅综合养殖的模式

(1)塘外养鹅。把鹅舍建在鱼塘附近,另设一个鹅的活动场和废水池。每天将鹅粪、鹅喷溅的饲料扫进池中,再把其引入鱼池。在鱼塘外养鹅的优点是便于管理,但缺点也很明显,其不能充分发挥鱼与鹅的互利关系。

(2)鱼鹅联养。鹅舍建在鱼池的堤埂上,把部分堤面和池坡作为鹅的活动场,鱼池旁用网围成一个游泳场。水中也要有网,让鱼在下面自由穿梭捕食。将鹅圈在规定范围内,减少对鱼的干扰,也便于管理。

3.鱼鹅混养的设施

鹅舍建在鱼塘旁比较宽阔的堤岸上,使鹅群既有陆上活动场所,又

有足够的水面。鹅舍建造要求和所用物品如前所述。陆上运动场到鱼塘之间要有几个斜坡供鹅群出入鱼塘。

4.鱼鹅混养的管理

在鱼池的堤埂上建鹅舍,用部分堤面和池坡作为鹅的活动场,鱼池一旁用网片围一定面积鱼池作为鹅的游泳场,水中的拱网不拱到底,以供鱼类从网底游入摄食,这样比将鹅放在全池活动更佳。这样一方面对鱼干扰较小,另一方面也便于管理。一般上网高出水面40~50厘米,下网距离水底40厘米。养鹅的密度为鹅舍和活动场平均3~5只/米²,游泳场2~3只/米²。鱼鹅混养中鹅的配养数,主要决定于鹅的排粪量。一般一只鹅年产粪为120~150千克,每亩(1亩≈667平方米)可配养50~60只鹅。

5.鱼鹅混养的注意事项

一是尽量选择活水鱼塘。因为鹅一旦下水时间过长,会使池水长时间混浊,易导致池内的成鱼发病,甚至出现伤亡。如果鱼塘使用活水,则池塘的水体自净化能力强,出现塘水混浊、过肥缺氧的情况较少。二是选择大水面。如果鱼塘不是活水,但面积比较大,水体的自净化能力也会比较强,鹅下塘后不会导致水长时间混浊,那么也可以进行鱼鹅混养,达到肥水养鱼的目的。三是给鱼喂饵料时(包括喂青绿饲料),不让鹅下水。这样做既可防止鹅吃鱼饵料,也可避免鹅长时间下塘戏水,扰乱鱼的正常采食。特别是夏天,饵料容易变质,投喂后不马上吃完,易造成鱼吃了变质饵料中毒。四是鱼的正常投饵喂食不能变。即要坚持按照定量、定质适时投喂原则喂鱼,并要根据水温、鱼的生长和吃食情况不断调整投饵数量,促进鱼、鹅双丰收。五是控制鹅群下水活动时间。如果鹅群大、下水时间长,同样会造成鹅粪排泄多,当水体面积小的时候容易造成塘水过肥而影响鱼的健康。六是注意监测水质,观察鱼的状态。

▶ 第二节　多样化种草养鹅模式

一　林地种草养鹅模式

图5-4　林地种草养鹅模式

　　林地种草养鹅模式(图5-4)是在不占用耕地的前提下,利用果园或林下草地养鹅,是一种生态养鹅模式,由于鹅在放牧时只采食林间的杂草,而不采食树叶、树皮,对果、林,特别是幼林,不会造成危害。树林能够为鹅群的活动提供宽敞的空间,能够满足鹅群的活动需求。夏季树木可以为鹅群提供很好的阴凉,满足鹅群耐寒怕热的习性。树下的杂草是鹅的优质饲料,能够降低鹅的饲养成本,如果是花卉苗木基地还能够省去除草的人工费用。鹅的粪便散落在林下地面,能够为树木、青草提供优质的有机肥。

1.牧草选择

　　牧草可选择俄罗斯饲料菜、紫花苜蓿、白三叶、冬牧70黑麦等,以上牧草植株较矮,不影响树木生长。有树木遮阳,俄罗斯饲料菜不易得枯叶病;紫花苜蓿盛草期延长,且能提高产草量;白三叶本身喜阴,色泽翠绿,适口性强,营养丰富;冬牧70黑麦10月份播种,冬、春季节生长,此时树叶已落,通风透光,利于牧草生长。

2.适宜放牧鹅群的林地

林地密度应为3米×4米或3米×5米,树木要求树龄3年以上。这样,肉鹅生长过程中,上有树冠遮阳,可防止阳光直射,利于牧草和鹅生长。

3.放牧方式

有固定场地放牧和流动放牧两种方式。

(1)固定场地放牧。选择面积比较大的林地作为长期放牧场地,在林地的边缘搭建鹅舍,供鹅群夜间休息和雨雪、大风天气鹅群活动。可以将林地分割成为5~7个部分,采用轮流放牧的方法,每个部分让鹅群放牧3天,之后转移到下一地块中。这样使每个部分在放牧后有2周以上的空闲期,有助于青草的再生并有利于卫生防疫。

(2)流动放牧。在单块林地面积小而数量较多或较分散的情况下,采用流动放牧方式。一般把鹅舍建造在一个合适的地方,每天驱赶鹅群到计划的林地进行放牧,收牧后将鹅群赶回舍内。

4.基本设施要求

鹅棚选址:大棚应建在地势较高、排水良好、通风透光的林间空地上,设计跨度以林间行距为限,长度可根据饲养数量灵活掌握,每棚以饲养1 000只为宜,每平方米6~7只。棚内地面垫15~20厘米厚的沙土,使其高于四周,以利排水。大棚最好坐北朝南,南、北两头用砖砌墙或围竹篱笆,高60~80厘米,每间留一个活动小门,棚顶塑料薄膜应处于活动状态,取放方便,以利于通风和保温,棚内温度高时打开,风雨天或低温时放下。

喂饲用具:林地养鹅的喂饲用具可以使用料盆或料桶,配合饲料用于补饲。一般摆放在鹅舍前面的空地上。

饮水用具:大多数使用较大规格的真空饮水器,容量为5~10升。多数摆放在喂饲用具附近,并把一部分摆放在林地的其他地方。林地内至

少方圆30米内有1个饮水器,以满足鹅的饮水需求。

5.放养管理

放鹅的时间:在每天外界自然光照开始约2小时后,把鹅群放到林地,如果遇到低温天气,则可以推迟放鹅时间,而在夏季高温期间可以提前放鹅。

放养密度:根据林下植被的生长情况,每亩地可以放养20~50只鹅。如果放养密度大,地面植被会被严重破坏。

防止鹅的丢失:主要措施包括避免鹅群受惊吓、在放养场地周围加强看护等。

夜间管理:傍晚的时候通过补饲让鹅群形成回到鹅舍内过夜的习惯。鹅群进舍后要关闭好门窗(夏季需要打开窗户,则必须用金属网将窗户罩起来)。

注意天气变化:遇到天气变化(尤其是遇到恶劣性气候)要提早把鹅群赶回鹅舍。

6.林地种植牧草

为了给鹅提供充足的青草,建议在相对固定的林地可以人工种植牧草(图5-5),当牧草数量充足的时候,可以减少精饲料的使用量,有效降低生产成本。

选择合适的牧草类型:林地种草要注意选择耐阴性较好的牧草品种,如鸭茅、三叶草、紫花苜蓿、杂交狼尾草、冬牧70黑麦草、聚合草等。也可以利用冬季和早春没有树叶的时期种植一些小青菜、油菜、小麦等越冬植物作为冬春季鹅的青绿饲料。

提早播种:一些越冬植物(黑麦草、大麦、小麦、小青菜、油菜等)可以在秋末播种,在入冬前植株已经比较大,冬季能够提供较多的青绿饲料。一般肉鹅饲养在9月份基本结束,结束后也可以及时播种牧草。

牧草混播:为了提高青饲料的营养价值,建议用多种牧草种子进行

混播(尤其是把豆科和禾本科牧草混播),使各种牧草之间的营养互补。

图5-5　林地牧草

二　果园种草养鹅模式

1.果园养鹅的优势

鹅有取食青草和草籽的习性,对杂草有一定的防除和抑制作用。据试验,如果每亩果园放养20只鹅,能除掉杂草80%左右,鹅数增加,杂草减少。鹅在果园觅食,可把部分害虫吃掉,从而减轻害虫对果树的危害;果园中的杂草少了,害虫就没有了产卵、繁殖的适宜地点,害虫对果树的危害自然就减轻了。据分析,1只鹅一年所产生的粪含氮肥1 000克、磷肥900克、钾肥510克,如果按每亩果园养20只鹅计算,就相当于施入氮肥20千克、磷肥18千克、钾肥10千克,既提高了土壤的肥力、促进果树生长、节约了肥料,又减少了投资。

果园养鹅,环境舒适,有利于鹅只生长发育,减少疾病的发生。另外,果园养鹅离村庄较远,可避免和减少鹅病的互相传染。鹅不论白天或夜里,只要见来了陌生人它就大声嘎嘎叫,特别是夜间。现今农村一些农户已用家庭养鹅代替养狗看门,效果很好。鹅不善于飞蹿、跳跃,对果树上的水果没有损害。

2.基本设施要求

可在园中建一个大水池,便于果园浇水和鹅戏水、交配等;水池的水应保持良好水质。鹅舍宜建在果园中部,便于鹅向四处食草。鹅舍地势

要高、平坦、通风、朝南;鹅舍的面积以每平方米饲养3~4只鹅计算。果园养鹅量以每100平方米60只为宜。可在果园中搭建若干个草棚,棚内建多个产蛋窝,利于鹅休息、躲雨、防晒和产蛋。

3. 果园养鹅的管理

大多数果园为了控制病害虫而需要在某时期喷洒农药。喷洒的农药对鹅群可能会有毒性,如果忽视这一点,则可能会造成鹅群的中毒问题。因此,用于果园防病虫而喷洒的农药需要认真选择,要使用那些对鹅没有毒性或毒性很低的药物。一般在喷洒农药的当天和之后7天不要让鹅群到果园内觅食、活动,而应该把鹅关在鹅舍内饲养。一般在经过1周后死亡的虫子已经腐烂,杂草叶面的农药已经消失,此时把鹅群放养到果园内是相对安全的。

4. 果园内牧草的种植

每年秋季当水果成熟或收获后,在果树的行间可以种植一些越冬牧草(如冬牧70黑麦、大麦等)和青菜,为冬季和早春的鹅群提供青绿饲料。

(三) 冬春闲田种草养鹅模式

在水稻主产区,冬春季节利用水稻田种植一季黑麦草喂鹅,是提高农田综合利用、增加效益的一条重要而可行的途径。稻田种植一季黑麦草,每亩可养鹅70~100只。种植黑麦草不但不影响夏季水稻种植,反而可改善土壤质量,提高水稻产量。

1. 开沟垒垅

在水稻收割前10天左右,把田里的表面水全部放干,收稻后尽快开好"三沟"(垄沟、横沟、排水沟),排干地下水,以防止土壤过湿影响日后黑麦草的生长。稻田套播也可在水稻收获前15天左右进行,一般在10月上中旬,将牧草种子与细沙土拌匀后撒播。黑麦草套播2~3天,每亩施高效复合肥30千克作基肥。水稻收获时,留茬高度应低于5厘米,以

防影响鲜草的刈割。来年2月上旬,每亩施尿素10千克作返青肥。每次割黑麦草后,每亩追施尿素5~10千克。3月上中旬开始刈割,以后每隔20~30天,黑麦草高度为50~80厘米时刈割一次。鹅小时割嫩叶,间隔期短一些;鹅大时割老叶,间隔期长一些。

2.除杂施肥

种草前一定要除去田里的杂草和稻茬,施足底肥,翻挖表土,整细土块。每亩施农家肥3吨(1吨=1 000千克)左右,或用缓效化肥作底肥。

3.严格掌握播种期

黑麦草的播期较长,但在实际中以8月下旬至9月中旬末的1个月内播种为最好,其间地温较高,很快出苗生长,若肥水能保证,当年可以刈割2~3次。9月中旬后种的黑麦草,其产量较低,当年内用草较少。

4.牧草搭配

稻田套种黑麦草的鲜草产量一般为每亩5 000~7 000千克,可养鹅150只左右。此外,还要搭配种植一定面积的叶菜类蔬菜(小青菜、油菜苗等),以便苗鹅早期食用。

5.适期购苗鹅,分期套养

首先,要确定进鹅时间。9月中旬种草,在11月上旬即可放牧利用,因而在10月底,当鹅进入产蛋期后,即可组织种蛋孵化,饲养第一批鹅,次年2月中旬出栏。2月底进第二批雏鹅,在室内饲养至3月中旬就可以放牧或刈割牧草利用。其次,要确定养鹅的数量。冬季黑麦草长势较慢,产草较少,养鹅的数量不宜过多,一般每亩草养鹅30~40只,第二批每亩按40~50只计划。

6.牧草利用方式

牧草利用有多种方式,如轮牧、刈割饲喂等,其中以刈割切碎拌料饲喂效果最好。

第六章 鹅的饲养管理

▶ 第一节　种蛋孵化技术

一　种蛋的管理

1.种蛋的选择

选择质量好的种蛋,并妥善管理,能提高入孵蛋的质量,防止疫病的传播,从而提高孵化率并获得品质优良的雏鹅。鹅产蛋较少,种蛋的成本较高,所以把好种蛋关显得更重要。

(1)种蛋的来源。种蛋应来源于生产性能好、繁殖力强和健康的鹅群。种鹅在开产前1个月,应注射小鹅瘟疫苗,最好相隔1周再接种1次,增强免疫力;同时,要求种鹅的饲养管理正常,日粮的营养物质全面,以保证胚胎发育时期的营养需求。引种前要了解当地的疫病情况,不要从疫区引进种蛋。

(2)种蛋的新鲜度。种蛋保存的时间越短,蛋越新鲜,胚胎生活力越强,孵化率越高。新鲜种蛋气室小,蛋壳具有一定的光泽。陈旧蛋则气室变大,蛋的颜色不佳,还常沾一些脏物。一般以产后1周内的蛋作种蛋较为合适,3～5天最好,若超过2周以上则孵化期延长。种蛋贮存时间越长,孵化率越低,弱雏鹅越多。

(3)种蛋外观选择。清洁度:种蛋应该清洗干净,蛋壳上不得沾有粪便或其他脏物。蛋壳表面如受到粪便和污泥等污染,则病原微生物可侵入蛋内,引起种蛋变质腐败,同时污物堵塞蛋壳上的气孔,影响孵化率。产蛋窝经常保持清洁干燥,并及时收集种蛋,这样可将种蛋受污染程度降到最低。轻度污染的蛋用40℃左右浓度为0.1%新洁尔灭洗擦并抹干后可以作为种蛋入孵。

蛋重:应符合品种要求,过大、过小的蛋孵化效果都不好。小型鹅蛋重120~135克,中型鹅蛋重135~150克,大型鹅蛋重150~210克。

蛋形:应呈椭圆形,大小头明显,不能过长、过圆。凡畸形蛋(如细长、短圆、尖头的蛋)一律不用于孵化,这些蛋孵化率低。评价蛋形用蛋形指数,即蛋的纵径与横径之比。鹅蛋的蛋形指数为1.4~1.5,孵化率最高(88.2%~88.7%),健雏率最好(97.8%~100%)。

蛋壳质量:蛋壳质地应致密均匀,表面光滑,颜色符合品种要求。蛋壳厚薄适度,厚度一般为0.4~0.5毫米。蛋壳过厚、过硬的"钢皮蛋"和蛋壳过薄、质地不均匀、表面粗糙的"砂壳蛋"均应剔除。因为蛋壳过厚,孵化时受热缓慢,蛋内水分不易蒸发,气体不易交换,出雏困难;而蛋壳过薄,蛋内水分蒸发快,也不利于胚胎发育。

2.种蛋的保存

种蛋保存的好坏直接影响孵化率的高低和雏鹅的成活率。因此,必须有专门保存种蛋的蛋库以及适宜的保存条件。

(1)温度。温度是种蛋保存最重要的条件。禽胚胎发育的临界温度(又称生理零度)为23.9℃,超过这个温度,胚胎就会恢复发育。温度过低(如0℃),虽然胚胎发育仍处于静止休眠状态,但胚胎的活力下降。−2℃时,胚胎死亡。因此,孵化前种蛋的保存温度不能过高或过低。一般认为,种蛋适宜的保存温度是8~18℃,如果保存期超过5天,则保存温度最好为10~11℃。

(2)湿度。较理想的保存种蛋的相对湿度是70%~80%。这种湿度与鹅蛋的含水率比较接近,蛋内水分不会大量蒸发。湿度太低,蛋内水分大量蒸发,会影响孵化效果,若湿度过高则又会使蛋发霉变质。用水洗过的种蛋不易保存。

(3)翻蛋。蛋黄相对密度较小,总是浮在蛋白的偏上部。为了防止胚盘和蛋壳粘连,影响种蛋品质,在种蛋保存期内要定期翻蛋。一般认为,保存时间在1周内可不必翻蛋,超过1周每天至少翻动1次,翻动蛋位角度为90°以上。

(4)通风。保存种蛋的房间,要保持良好通风,清洁,无特别气味,无阳光直射,无冷风直吹。要将种蛋码放在蛋盘内,蛋盘置于蛋盘架上,并使蛋盘四周通气良好。堆放化肥、农药或其他有强烈刺激性物品的地方不能存放种蛋,以防这些异味经气体交换进入蛋内,影响胚胎发育。种蛋也要预防蝇吮蚁叮。

(5)保存时间。种蛋保存时间愈短对提高孵化率愈有利。在适当的条件下,保存时间一般不应超过7天。长时间保存时,即使保存条件适宜,孵化效果也受影响。因为长期保存后,蛋白本身的杀菌能力会急剧降低,水分蒸发多会导致系带和蛋黄膜变脆,酶的活动使胚胎衰老,蛋内营养物质变性,蛋壳表面细菌繁殖波及胚胎。保存时间在2周以内,孵化率下降幅度小;保存2周以上,孵化率显著下降;保存3周以上,孵化率急剧下降。因此,在可能的条件下,种蛋越早入孵越好,尽量不超过14天。

3.种蛋的消毒

种蛋消毒的目的是杀灭蛋壳表面的病原微生物,提高种蛋的孵化率并防止疾病交叉传染。种蛋的消毒方法较多,常用的有:

(1)甲醛熏蒸消毒法。甲醛熏蒸消毒法是目前使用最为普遍的一种种蛋消毒法,其操作简单,效果良好。种蛋在消毒室和孵化机内都可应用。该法是将浓度为40%甲醛溶液(福尔马林)与高锰酸钾按一定比例混

合放入适当的容器中,熏蒸消毒。每立方米空间用30毫升福尔马林和15克高锰酸钾,烟熏蒸20~30分钟,要求温度为20~24℃、相对湿度为75%~80%。熏蒸后应充分通风。

(2)新洁尔灭消毒法。可用新洁尔灭进行喷雾或浸泡消毒。将5%的新洁尔灭溶液加水50倍即成0.1%的溶液,用喷雾器喷洒在种蛋表面或在10~45℃该溶液中浸泡3分钟,即可达到消毒效果。也可用1:5 000浓度溶液喷洒或抹拭孵化用具。新洁尔灭溶液能在几分钟内杀灭葡萄球菌、伤寒沙门氏菌、大肠杆菌及霉菌。但忌与肥皂、碘、碱、升汞和高锰酸钾等配合使用,以免药物失效。

(3)百毒杀喷雾消毒法。百毒杀是含有溴离子的双链四级胺化合物,对细菌、病毒、霉菌等均有消毒作用,没有腐蚀性和毒性。孵化机与种蛋的消毒,可在每10升水中加入50%的百毒杀3毫升,喷雾或浸渍。

(4)高锰酸钾或碘液浸泡消毒。可用0.2%高锰酸钾溶液或0.1%碘浸泡种蛋1分钟,取出沥干。碘液配置方法:取碘片10克和15克碘化钾,先溶于1 000毫升水中,再加入9 000毫升水,即成0.1%的碘液。种蛋保存前不能用溶液浸泡法消毒,用此法会破坏胶护膜,加快蛋内水分蒸发,细菌也容易进入蛋内。故仅用于种蛋入孵前消毒。

4.种蛋的包装和运输

(1)种蛋的包装。引进种蛋时常常需要长途运输,如果保护不当,往往引起种蛋破损、系带松弛、气室破裂等,导致孵化率降低。因此,应注意种蛋的包装。包装种蛋最好使用专门制作的纸箱。纸箱要求强度好,四壁有孔、可通气,箱内要用厚纸片做成方格,每格放1个种蛋,各层之间再用厚纸片隔开。种蛋放置时要大头朝上、小头朝下。如果没有纸箱,也可用木箱或竹筐装运。装蛋时,每层蛋间和蛋的空隙间用干燥、干净整洁的锯末、稻糠、稻草填充防震。无论使用什么器具包装,都应尽量大头向上或平放,排列整齐,以减少蛋的破损。

(2)种蛋的运输。运输种蛋要求快速、平稳、安全,要避免日晒雨淋,防止剧烈颠簸。因此,在夏季运输时,要有遮阳和防雨设备;冬季运输应注意保温,以防种蛋受冻。运输工具要求快速、平稳、安全。装卸时轻装轻放,严防强烈震动,强烈震动可导致气室移位、蛋黄膜破裂、系带折断。经长途运输的种蛋到达目的地后应尽快消毒、装盘、入孵,不可贮存。

二 孵化条件

鹅胚胎发育大部分是在母体外完成的。因此,要想获得理想的孵化效果,就必须根据胚胎发育的特点,提供适宜的孵化条件,以满足胚胎发育的要求。孵化条件主要包括温度、湿度、通风、翻蛋和凉蛋。

1.温度

温度是家禽胚胎发育所需的最重要的条件,只有适宜的孵化温度才能保证鹅蛋中各种酶的活性,从而保证胚胎正常的物质代谢和生长发育。鹅胚胎对于温度有一个较大的适应范围。一般情况下,鹅胚胎发育的温度为36.9~38℃。温度过高、过低都会影响胚胎发育,严重时可造成胚胎死亡。温度偏高时,胚胎发育加快,孵化期缩短,但孵出的雏鹅体质弱。当温度超过42℃,经2~3小时就可造成胚胎死亡。相反,孵化温度低,胚胎发育迟缓,孵化期延长,死亡率增加。如果温度低至20℃以下,经过30小时胚胎就会死亡。温度应随着不同的发育阶段而变化。孵化初期,胚胎物质代谢处于低级阶段,自身产生的体热很少,因而需要较高的孵化温度,一般在15℃室温下,孵化器需38℃左右;孵化中期以后,随着胚龄的增长,物质代谢日益强盛,尤其是孵化末期,脂肪代谢增强,胚胎自身产生大量体热,需更低一些的温度,为36.9~37.2℃。孵化温度受多种因素影响,随季节、气候、孵化法和入孵日龄不同而略有差异,应在给温范围内灵活掌握。孵化温度的控制通常采用恒温孵化和变温孵化

两种方案。

(1)恒温孵化。这种方法多在分批入孵时采用,将"老蛋"(孵化中期、后期的胚蛋)和"新蛋"(孵化前期的胚蛋)间隔放置,使用相对稳定的温度孵化,这是一种用"新蛋"来吸收"老蛋"的余热量的方式,解决了"老蛋"温度偏高、"新蛋"温度偏低的矛盾,可以满足不同胚龄种蛋的需要。这种方法适用于种蛋来源少或者室温偏高的情况,既能减少自温过高,又能节省能源。

(2)变温孵化。变温孵化是根据不同胚龄胚胎发育的情况,采取适宜的孵化温度。由于鹅蛋较大,蛋内脂肪含量较高,在孵化14天以后,代谢热上升较快,如不调整孵化机内的温度,机内局部超温会引起胚胎死亡。变温孵化多用于种蛋来源充足或者室温偏低时,整箱一次装满时用,有利于胚胎发育。

值得说明的是,控温不只是对温度这个因素进行调控,而是对以温度为主的多种因素的综合调控,应根据具体情况综合平衡。

2.湿度

鹅胚在孵化中所需的相对湿度比鸡蛋要高5%~10%,整批入孵时前后期要高,中期要低。一般孵化初期相对湿度为65%~70%,孵化中期可降到60%~65%,孵化后期提高到65%~75%。分批入孵,因孵化器内同时有不同胚龄的胚蛋,相对湿度应维持在55%~65%,出雏时增至65%~80%。自动调节湿度的孵化机可将入孵相对湿度控制在60%~65%,出雏在65%~75%。如湿度过高,蛋内水分不易蒸发,会影响胚胎发育,雏鹅出壳后大肚脐多,活力也较差;如湿度过低,胚胎易与壳膜粘连,影响雏鹅正常出壳,出壳的雏鹅干瘦,绒毛稍短,不易育雏。

3.通风

孵化初期,胚胎物质代谢较弱,需要氧气较少。孵化中期,胚胎代谢作用逐渐加强,对氧气的需要量增加。孵化后期,胚胎从尿囊呼吸转为

肺呼吸,每昼夜的需氧量为初期的110倍以上。因此,孵化机内的通风量应按胚龄的大小调节通气孔,孵化前期开1/4～1/3,中期开1/3～1/2,后期全开。如分批孵化,孵化机内有两批以上的蛋,在保证温度和湿度水平足够的情况下,可以全部打开通气孔。

通风不良可使胚胎发育迟缓,或胎位不正,或招致畸形和引起中毒死亡。孵化后期,臭蛋、死胎及出壳时污秽空气增多,更有必要加强通风换气。一般死胎大多发生在出雏前夕,通风换气不良是一个重要原因。此外,还应注意通风要均匀,通风均匀与否可以从孵化器内各处种蛋的孵化率来判断,如果各处孵化率一致,则表明孵化器内空气流通均匀。

4.翻蛋

入孵时种蛋要平放或大头向上立放或斜立放,小头不可向上。入孵第1周每2小时翻1次蛋,以后每天翻蛋4～6次,一直到孵化第28天移盘后停止翻蛋。翻蛋角度较鸡蛋大,向每侧翻蛋的角度应大于45°,一般控制在45°～55°。翻蛋时动作要轻、稳、慢。一般来讲,翻蛋角度大,翻蛋次数宜少;翻蛋角度小,翻蛋次数宜多一些。现在常用的立体式机械孵化机(图6-1),内设翻蛋装置,通过定时调节蛋盘角度完成自动翻蛋。

图6-1　立体式机械孵化机

翻蛋在孵化前期和中期对孵化效果影响较大,第1～2周翻蛋更为重要,尤其是第1周。翻蛋可防止胚胎与蛋壳粘连,促进胚胎运动,保持正

常胎位,同时使胚蛋受热、通风更加均匀,有利于胚胎生长发育,提高孵化率。

5.凉蛋

鹅蛋在孵化14天后会产生大量余热,而蛋表面积相对较小,散热能力差,常要通过凉蛋才能降温散热,凉蛋是孵化后期保持胚胎正常温度的主要措施。从孵化的第15天起,每天应进行2次凉蛋,每天上午和下午各进行1次,凉蛋的时间因季节、室温、胚龄不同而异,通常为20～30分钟,早期及寒冷季节的凉蛋时间不宜过长。常用的凉蛋方法有:

(1)机器内凉蛋。凉蛋时将机门打开,关闭电路,至蛋表面温度下降至30～33℃以后重新关上机门继续孵化。这种方法操作方便,一般在外界环境温度较低时采用。

(2)机器外凉蛋。将蛋从孵化机中拿出进行凉蛋,也可喷上40.5℃左右的温水,直到用眼皮感触蛋身温和时,再送入机器内,一般在外界环境温度较高时采用。

三 孵化技术

1.自然孵化

鹅自然抱窝的方法虽然不能适应规模化生产发展的需要,但在不具备人工孵化条件的地方,仍不失为一种有效的繁殖方法。选择就巢性好、体形大小适中的鹅品种(如南方品种),要求健康无病,最好选择产蛋一年以上已有孵化习惯的母鹅。

孵化前用盆、箱、筐制作孵化窝,在窝底部垫柔软的杂草,然后均匀地放入鹅蛋。1只母鹅1次能孵10～13个鹅蛋。从入孵第2天开始可人工辅助翻蛋,将中间的蛋与边缘的蛋交换位置,直至破壳出雏为止。在入孵后的第7天和第16天分别照蛋1次,捡出无精蛋和死胚蛋。孵化后期可每天向蛋上喷38～40℃的温水2～3次,直至出壳。

2.人工孵化

我国是世界上很早就创造家禽人工孵化法的国家之一,早在2 000多年前就发明了炕孵化法、缸孵化法和桶孵化法等人工孵化的方法。近年来,电孵化法应用相当普遍,尤其是鸡蛋和鸭蛋的孵化。随着养鹅规模化程度的不断提高,采用电孵化法的越来越多。

电孵化法的主要设备是孵化机和出雏机。目前生产的电孵化机大多设有自动控温、控湿、报警和自动翻蛋等装置,具有孵化效果好、易于操作管理、孵化量大等优点。

在使用机械孵蛋前,首先要试机,观察各部运行是否正常、平稳,控制器、报警器是否灵敏。同时,温度计的校正也是孵化前必不可少的工作,先找来一支精密温度计作为标准温度计,然后和孵化器的温度计并列一起浸入38℃左右的温水中,观察读数是否一致,如果有差异则应以标准温度计为准校正其他温度计的读数。温度计的校正工作应定期进行。孵化前的准备工作还包括种蛋预温,即将种蛋从冷贮仓库中取出在室温中放置12小时,使蛋温逐渐升高,但不能让种蛋冒汗。其他工作还有孵化机的消毒、种蛋消毒和孵化室的清洁、保温、通风等。

孵化期间的主要工作是观察和记录机内温度、湿度,以及翻蛋、验蛋。若分批上蛋,则应用恒温孵化,温度控制在37.2 ~ 38.3℃。若是一次性上蛋,则采取分段变温孵化。湿度应掌握"两头高、中间低"的原则,1 ~ 8天相对湿度为60% ~ 70%、9 ~ 24天为55% ~ 60%、25 ~ 30天为60% ~ 70%、出壳期间为70% ~ 75%,恒温孵化的相对湿度应控制在60% ~ 64%。孵化期间的通气量应随胚龄的增大而增加,以保证孵化室和孵化机内通风换气,保持空气充足新鲜。机内氧气含量不能低于20%,二氧化碳含量不能超过0.5%。入孵第一周每2小时翻蛋1次,以后每天翻蛋4 ~ 6次,25 ~ 26天后停止翻蛋。翻蛋的角度以水平位置前俯后仰各45°为宜。15天后按照上述凉蛋程序开始凉蛋。孵化至7天和16天进行照蛋,及时捡

出无精蛋和死胚蛋。

出雏机的管理基本上与孵化机相同，出雏机要求的温度要低一些、湿度要高一些。由于没有可转动的蛋架，所以翻蛋时需要人工将蛋在平面上拨动，每天翻3～4次。保持充足的通气量很重要，以防止局部蛋密集超温，通常蛋温比机温高0.3℃以上。出雏后待雏鹅绒毛干燥时即可将雏鹅捡出。

3.嘌蛋

将甲地孵化至接近出雏期的种蛋运输至乙地出雏称为嘌蛋。为了解决运输途中运输量大、运雏死亡率高的问题，可采取嘌蛋的方法，这样可节省人力、物力和财力。嘌蛋所需设备为纸箱、木箱、箩筐、棉被、温度计，不需热源，依靠棉被保存胚胎自身散发的热量来维持温度。途中每天翻蛋1～2次，翻蛋时要使上和下、边缘和中心蛋互相调换位置，使每个蛋受热均匀。嘌蛋应注意以下几点。①根据途中所用时间来确定嘌蛋时间，以出雏前到达目的地为原则（如目的地无孵化条件，应选择到达目的地即出雏的时间运送）。②经照检剔出死胎蛋，然后上摊立即孵化。③不管使用纸箱，还是木箱或箩筐，都要固定好，避免发生散箱、压坏、倒箱。备好空箱（筐）准备途中倒蛋用，箱或筐底部应装有防震物，如棉絮、谷糠、稻草等，防止运输途中压碎、颠碎种蛋。④车辆要封闭，不可用敞篷车，车要开得平稳。⑤嘌蛋之前，要选择平稳道路，"宁走十里远，不走一步险"。⑥运输需要2人以上，要选择认真负责的人运输。⑦途中要备好照明设备（尤其是路途远时）。⑧一定要做好目的地出雏上摊的准备工作。⑨出蛋时要考虑季节因素。夏季要注意散热，每筐最多放置2层，冬季要注意保温，可适当多放几层。

四 孵化场的日常管理

1. 孵化前的准备

（1）孵化机检修和试机。为避免孵化机在孵化中发生机械、电气、仪表等故障，使用前要全面检查，包括电热、风扇、电动机、密闭性能、控制调节系统和温度计等。检查完后，即可接通电源，进行试运转1～2天，一切正常后方可入孵。

（2）孵化室和孵化机的消毒。在孵化前1周对孵化室、孵化机及用具进行彻底消毒。孵化机可采用福尔马林加高锰酸钾熏蒸，每立方米用20～30毫升福尔马林，加入高锰酸钾10～15克，经过20～30分钟后，打开机门，取出消毒用的容器，开动风扇，尽快将甲醛气体吹散。这种熏蒸消毒可用于种蛋和机器同时消毒，方法简单，消毒效果好。

（3）种蛋的预热。入孵前将种蛋先放到孵化室中（24℃左右）12小时左右再入孵。种蛋预热能使胚胎从静止状态中逐渐"苏醒"，有利于胚胎发育，并可减少孵化器里温度下降的幅度，不至于影响其他批次胚蛋的发育。

（4）码盘入孵。将消毒后的种蛋装入蛋盘内，顺次放进蛋车，蛋盘一定要装到合适的位置。全车装好后，将蛋车缓缓推入孵化器内，注意让蛋架车的转轴销和摆杆销与翻蛋设备连接好，并防止蛋车自动退出。采用分批孵化时，各批次的蛋盘应交错放置，并在孵化盘上标明种蛋的批次、入孵时间，以防混淆。

2. 孵化的操作技术

（1）开机及孵化机管理。开机时间应根据客户订货及发货时间来定。一般来说，每次入孵时间以16:00为好，这样大批出雏的时间为白天，工作较方便。当孵化机进行正常运转以后，管理工作则非常简单。日常管理包括：注意温度的变化，观察调节器的灵敏度；注意检查机器的

运转情况;做好日常记录,以便分析孵化效果。

(2)照蛋。照检是为了在早期剔除无精蛋,中期、后期剔除死胚蛋,同时根据胚胎发育来确定温度及湿度。孵化期间一般照蛋3次,第一次照蛋在孵化第6~7天进行;第二次照蛋在第15~16天进行;第三次照蛋是转到出雏器前(第24~25天)进行。具体照蛋情况可参见孵化效果检查部分内容。

(3)凉蛋。机器孵化时,照蛋、喷水也属于凉蛋工作,但经常性的凉蛋要每天进行。孵化前期,凉蛋的时间短一些,孵化至第15天后,要逐渐增加凉蛋的时间,每天打开机门2次,关闭热源,只开动风扇,并把蛋盘从蛋架中抽出1/3,再将温水喷洒在蛋上。随着胚龄增加,要延长凉蛋时间,每天可喷水2~3次。每次凉蛋的程度,以眼皮接触蛋壳感觉比较温和即可。凉蛋结束后,将蛋盘推回机内,关闭机门,接通电源。凉蛋的时间随季节、室温、胚龄而异,通常20~30分钟,早期及寒冷季节凉蛋时间不宜过长。

(4)落盘。落盘,又称移盘,全程机内孵化的,在孵化的第28天把发育正常的胚蛋转入出雏机中继续孵化。落盘后,停止翻蛋,提高湿度并增大通风量,准备出雏。在育种场内,则应将每个种蛋套上出雏袋,以便出雏进行编号。移盘的具体时间主要看胚胎的发育情况,在气室已很弯曲、内见喙的阴影时即可。如发育偏迟,则移盘时间可推迟一些。移盘操作的时间应尽可能缩短。

(5)出雏。在正常孵化条件下,鹅蛋孵到29.5天就开始陆续破壳出雏,到30.5天达到出雏高峰。出壳前将清洁的装雏盒或雏筐准备好,雏筐内的垫草或垫纸要干燥、铺平。出雏期间不宜经常打开机门,以免出雏机内温度、湿度下降过快,影响出雏。一般在2~3小时捡雏1次。捡雏时动作要轻、快,可将绒毛已干的雏迅速捡出,并将空壳蛋捡出,以防蛋壳套在其他胚蛋上,使胚胎闷死。少数弱胚出壳困难时,可人工助

产。人工助产时将壳膜已枯黄或外露绒毛已干、雏在壳内无力挣扎的胚蛋轻轻剥开,分开粘连的壳膜,把雏鹅的头轻轻拉出壳外,令其自己挣扎破壳。若发现壳膜发白或有红的血管,应立即停止人工助产。

出雏结束后,抽出出雏盘、水盘,捡出蛋壳,彻底打扫出雏机内的绒毛和碎蛋壳,对出雏机进行清洗消毒。出雏盘洗净、消毒、晒干。打扫、清洗彻底后,再把出雏用具全部放入出雏机内,熏蒸消毒备用。

3.停电时的对策

孵化场最好自备发电机,遇到停电立即发电。没有发电机的孵化场应与供电部门保持联系,做好停电前的准备工作。停电时将所有孵化机的电源切断,以防来电时全部孵化机启动,电流过大会使保险丝熔断。通电时,应根据各台孵化机的具体情况逐台启动。根据孵化室温度的高低、停电时间的长短和胚龄的大小采取相应的措施。如果在冬季、早春室温较低,可生火来提高室温,尽可能使室温保持在27～30℃,不低于25℃。停电后每隔30分钟人工摇动风扇1次。孵化前期的胚蛋,遇不超过12小时的停电,只需将孵化机的门、气孔关闭即可;孵化中期的胚蛋,遇停电,应每隔3小时检查蛋温1次,必要时进行调盘、凉蛋;孵化后期的胚蛋,遇停电,除个别情况外,都应先打开前后机门降温,因为这时胚蛋代谢热过剩,同时,每隔2小时检温1次,防止热死或闷死胚蛋。若停电时间较长,可转入摊床利用胚蛋的自温进行孵化。

4.孵化记录

大规模生产时,必须做好孵化记录,这有助于对孵化效果进行分析,也有助于孵化场生产,经营指标的计算、分析。主要的记录表格有孵化室日常工作安排表、孵化成绩统计表、变温孵化温度记录表等。

五 孵化效果检查与分析

1.孵化效果检查

在整个孵化过程中,要经常检查胚胎的发育情况,以便及时发现问题,不断改善种鹅营养和管理条件及种蛋孵化条件,从而提高孵化率和雏鹅的品质。孵化效果检查的方法主要有照蛋检查、胚蛋失重检查、出壳检查、死胚蛋的解剖和诊断4项。

(1)照蛋检查。发育正常的活胚蛋,头照时正常胚蛋应达到"起珠",气室边缘界限清楚,蛋身泛红,下部色泽尤深,可见明显的放射状血管网及其中心的活动黑点,胚胎时刻在活动。二照时正常胚蛋应已"合拢",即尿囊血管在锐端合拢,包围整个胚蛋(除气室外),在强光刺激下可见胎动,气室大小适中,边缘平齐清楚。三照时活胚蛋的气室显著增大,边缘的界线更加明显,除可见到粗大的血管外,全部发暗,蛋的小头部分无发亮透光部分,称为"封门"。

弱胚蛋头照时,弱精蛋发育迟缓,血管网扩布面小,血管也较细,色淡;二照时胚蛋小头淡白(尿囊未合拢);三照时弱胎蛋小头有部分发亮,气室边缘弯曲度小。

无精蛋除蛋黄呈淡黄色朦胧浮影外,气室和其余蛋身透亮,旋转孵蛋时,可见扁圆形的蛋黄浮动飘转,速度较快。

死胚蛋头照气室边缘界限模糊,看不到正常的血管,有血环、血点或灰白色凝块,胚胎不动,有时散黄。气室界限模糊,胚蛋颜色较亮,胚胎呈黑团状。死胎蛋的气室界线不明显,发黄,血管也模糊不清。二照气室显著增大,边界不明显,蛋内半透明,无血管分布,中央有死胚团块,随转蛋而浮动,无蛋温感觉。三照死胚蛋气室更大,边界不明显,蛋内发暗,混浊不清,气室边界有黑色血管。小头色浅,蛋不温暖。

照蛋应注意的问题:鹅胚在1～10日龄时,照蛋主要观察正面,即有

胚盘的一面;10日龄后重点观察背面。照蛋的动作应迅速,以免胚蛋温度下降太多,影响胚胎的生长发育。如果大批照蛋,则要注意给室内升温。照蛋时应注意重点观察和一般检查相结合。

(2)胚蛋失重检查。孵化过程中,由于蛋内水分蒸发,胚蛋逐渐减轻,其失重多少与孵化机中的相对湿度大小有关,同时也受其他因素影响。蛋的失重一般在孵化开始时较慢,以后迅速增加。

(3)出壳检查。雏是发育完全的胚胎。对雏鹅出壳情况进行检查,也就是看胎。出壳时间在30.5天左右,出壳持续时间(从开始出壳到全部出壳为止)约10小时,死胎蛋的占比在10%左右,说明温度掌握得当或基本正确。死胎蛋超过15%,二照胚胎发育正常,出壳时间提前,弱雏中有明显胶毛现象,说明二照后温度太高。如果死胎蛋集中在某一胚龄,则说明某天温度太高。出壳时间推迟,雏鹅体软、肚大,死胎比例明显增加,二照时发育正常,说明二照后温度偏低。出雏后蛋壳内胚胎残留物(主要是废弃的尿囊、胎粪、内壳膜)如有红色血样物,则说明温度不够高。

(4)死胚蛋的解剖和诊断。如果在孵化过程中没有照蛋,当出雏时发现孵化成绩下降,或者在照蛋中发现死胚蛋,但原因不清,可以通过解剖进行诊断。随意取出一些死胚蛋,煮熟后剥壳观察。检查死胚的外部形态特征,判断死亡日龄。注意观察其病理变化,如充血、出血、肥大、水肿、萎缩、畸形等,从而分析胚蛋致死的原因,判断其死亡日龄,绘制出死亡曲线,找出死亡高峰期,以便在此时期加强管理,降低死亡率。

2.孵化效果分析

(1)影响孵化率的因素。孵化率的高低受内部因素(种蛋的品质)和外部因素(种蛋管理和孵化条件)两个方面的影响。自然孵化的情况下,胚胎死亡率低,而且第一、第二高峰死亡率大体相同,主要是内部因素的影响。而人工孵化,胚胎死亡率高,特别是第二高峰更显著。胚胎死亡

是内、外因素共同影响的结果。从某种意义上讲,外部因素是主要的。内部因素对第一高峰影响大,外部因素对第二高峰影响大。一般胚胎的死亡原因是复杂的,较难确认。归于某一因素是困难的,往往是多种原因共同作用的结果。只有入孵来自优良种鹅、营养全面、精心管理的健康种鹅的种蛋,并且种蛋管理适当,孵化技术才能发挥效果。

遗传因素:鹅的品种(系)的遗传结构不同,种蛋的孵化效果也有差异。一般体形小的品种(系)较体形大的品种(系)的孵化率高,如果是近亲繁殖的母禽所生的蛋,孵化率会降低,通过不同品种或品系间杂交,可以提高种蛋的孵化率。

年龄:初产期间种蛋的孵化率低,产蛋高峰期间所产种蛋孵化率最高,此后孵化率随母鹅产蛋日龄的增加而降低。产蛋率与孵化率呈正相关。

营养水平:鹅蛋的养分是由母鹅将日粮中养分分解转化而成的,胚胎的生长发育必须靠蛋中的养分。若日粮中维生素、微量元素等营养成分缺乏,则会导致受精率降低,胚胎出现畸形、死亡等,孵化后期,雏鹅无力破壳,体弱,先天营养不足的死胚明显增加。

管理水平:鹅舍的环境状况,如温度、湿度、通风、垫草等均与孵化率有关。若通风不良,垫料潮湿、脏污又不及时更换,种蛋不及时收集等,导致种蛋较脏,从而影响孵化率。种鹅圈养运动不足、母鹅过肥、饲养密度过大,以及放水面积不足等均会影响公、母鹅性行为。因此,必须科学管理,为种鹅提供良好的环境条件。

种鹅的健康状况:种鹅的健康状况直接影响种蛋质量。倘若种鹅患有或患过疾病,则蛋的质量均会下降,孵化率降低。另外,孵化用具和种蛋消毒不严,在产蛋期疫苗接种和用药不当,均会使种蛋品质下降、孵化率降低。

(2)出雏的检查与分析。壳被啄破,但幼雏无力将壳孔扩大。这是

由温度太低或通风不良造成的。

啄壳中途停止,部分幼雏死亡,部分存活。这是孵化过程中,种蛋大头向下、翻蛋不当、湿度偏低、通风不良、短时间超温或温度太低造成的。

幼雏粘蛋白。由温度偏低、湿度太高或通风不良造成的。

幼雏与壳膜粘连。温度过高,种蛋水分蒸发过多,或湿度太低,翻蛋不正常所致。

提早出壳,幼雏脐部带血。孵化机和出雏机温度过高或湿度过低造成的。

脐部收缩不良、充血。温度过高或温度变化剧烈、湿度太高,胚胎受感染所致。

幼雏腹大而柔软,脐部收缩不良。温度偏低、通风不良、湿度太高所致。

出壳太迟。温度太低、种蛋贮存太久、温度变化不定、湿度过高、出壳温度过低所致。

出壳时间拖延很长。因为种蛋贮存不当,大蛋和小蛋、新蛋和陈蛋混在一起孵化;孵化机、出雏器温度不当;孵化机内温度不均匀;通风不良。

胎位不正,畸形雏多。种蛋贮存过久或贮存条件不良、翻蛋不当、通风不良、温度过高或过低、湿度不正常、种蛋大头向下、畸形蛋孵化、种蛋运输受损等造成的。

啄壳后死亡。因为孵化温度过低;高温、高湿,空气不足。

六 初生雏鹅的鉴定及运输

1.初生雏鹅的雌雄鉴别

雏鹅的性别鉴定对于养鹅生产具有重要的经济意义,雌雄分开后可分群饲养或将多余的公鹅及时淘汰处理,降低种鹅的饲养成本,节省开支。商品鹅生产时可使公、母鹅分群饲养,分群管理,使鹅生长发育整

齐。生产中常用翻肛法、顶肛法或捏肛法进行公、母鹅鉴别,而其他方法,如外形鉴别法、动作和声音鉴别法、羽毛鉴别法等由于准确率不高或只适合少数几个品种鹅的雌雄鉴别而很少使用。

(1)翻肛法。将雏鹅握于左手掌中,用左手的中指和无名指夹住颈口,使其腹部向上,然后用右手的拇指和食指放在泄殖腔两侧,轻轻翻开泄殖腔。如果在泄殖腔口见有螺旋形的突起(阴茎的雏形)即为公鹅;如果看不到螺旋形的突起,只有三角瓣形皱褶,即为母鹅(图6-2)。

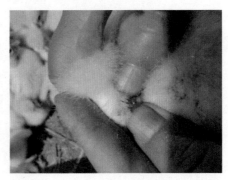

母鹅 公鹅

图6-2 翻肛法

(2)顶肛法。左手握住雏鹅,以右手食指和无名指左右夹住雏鹅体侧,中指在其肛门外轻轻往上一顶,如感觉有小突起,即为公鹅。顶肛法比捏肛法难于掌握,但熟练以后鉴别速度较快。

(3)捏肛法。以左手拇指和食指在雏鹅颈前分开,握住雏鹅,右手拇指与食指轻轻将泄殖腔两侧捏住,上下或前后稍一揉搓,感到有一个芝麻粒或油菜籽大小的小突起(公鹅阴茎),尖端可以滑动,根部相对固定,即为公鹅,否则为母鹅。

2.雏鹅的分级

雏鹅可按体质强弱进行分级,刚出壳不久的健康雏,大小匀称,毛色整齐,手捉时挣扎有力,行走灵敏,活泼好动,无畸形,眼睛明亮有精神,腹部不大而柔软,蛋黄吸收良好,脐孔处无结痂和血迹,叫声洪亮,胎粪

排出正常,无尾毛污染。将畸形雏,如弯头、弯趾、跛足、关节肿胀、瞎眼、钉脐、大肚、残翅等的雏鹅予以淘汰,而弱雏则单独饲养。这样可使雏鹅发育均匀,减少疾病感染机会,提高育雏率。若必须从外地或市场上采购雏鹅,则应掌握鉴别健康雏、弱雏的方法,防止购入弱雏和病雏。

3.初生雏鹅的运输

(1)运输工具选择。应根据雏鹅孵化与饲养地的距离选择交通工具。距离较远的可采用飞机运输,一般当天都能到达,对出发时间、到达机场时间、待机时间、雏鹅装运、防风防雨、防冻防晒、到达卸货,都要制订详细的程序和安排,既要环环相扣,又要留有协调、变通的余地。

飞机运输雏鹅的包装物要用专用纸箱,这种纸箱规格一般为15厘米×40厘米×60厘米,上小下大,每个纸箱分4个小格,每小格可装雏鹅20～25只,并有环形隔板、缓冲死角,以避免雏鹅损伤,且保湿和通风效果均比较理想。

距离较近的可采用火车、汽车运输,包装物可采用圆形竹筐(因专用纸箱途中不便观察和管理),竹筐规格一般为20厘米 × 80厘米,筐内应垫稻草或麦草。竹筐和垫草都应喷雾消毒,稻谷壳和锯末不宜做垫料,以免雏鹅啄食,引起消化不良,甚至发生意外。

进行短途周转或是近距离的雏鹅运输,可使用汽车运送,最好使用厢式或带篷车辆。必须用卡车运输时,一定要掩盖严实,千万不能把竹筐直接放到客车顶上的行李架上,以免雏鹅途中受风着凉,引起感冒。

(2)运输时间的选择。刚出壳的雏鹅个体小,绒毛稀,体温调节能力较差,对外界环境的适应能力弱,因此长途运输要注意防止车厢里闷热或潮湿、寒冷。夏季起运时间宜选择在6:00～7:00,争取在中午到达目的地。

遇上阴雨天要盖好篷布。冬天运输时要加盖毯子防寒保暖,起运时间宜在9:00～10:00。

（3）运输途中的注意事项。行车途中尽量不停车,就餐时间越快越好,押车人员可在司机就餐时上车仔细检查竹筐堆放情况,并翻看鹅苗,必要时可上下、前后调换竹筐位置,特别要注意车厢前部下层的鹅苗状况,因为这是容易闷热和缺氧的地方,有时可引起大量鹅苗死亡。

若中途不停车,可每行车2小时,押车人员即上车厢查看1次,及时处理有关问题,看是否有竹筐倾斜、鹅苗打堆、"贼风"侵袭等问题,若有要及时解决。必须停车时,夏天要把车停在通风阴凉的地方,把车厢的篷布上卷或下放,调节车厢内温度;冬天要把车停在避风处,并查看是否需要加盖毯子。

运输时间不宜过长,争取在24小时内运达目的地。中途遇汽车出现故障不能及时修理的要马上转车运输,不要停留时间过长。

▶ 第二节　雏鹅的饲养管理

一　育雏的适宜环境条件

1.温度

雏鹅体温调节机能较差,因此提供适宜的育雏温度对提高雏鹅的成活率具有重要作用。刚出壳的雏鹅体温较低,约39.6℃,直到10日龄左右才逐渐接近成年鹅41～42℃的体温。雏鹅对温度的变化非常敏感,不同的温度育雏效果差别较大。在育雏过程中,判断育雏温度是否适宜,可根据雏鹅的行为及表现来判断。温度过低时,雏鹅靠近热源、互相拥挤成团,绒毛直立,躯体蜷缩,发出尖锐叫声,严重时会造成大量的雏鹅被压死;当温度过高时,雏鹅远离热源,张口呼吸,精神不安,饮水频繁,食欲下降;温度适宜时,雏鹅在育雏栏内分布均匀,表现活泼好动,呼吸

平和,睡眠安静,食欲旺盛。在整个育雏期间,温度应逐渐下降,切忌忽高、忽低,急剧变化。温度过高时,易感染呼吸道疾病;温度过低时,雏鹅易感冒,导致消化不良。育雏保温应遵循以下原则:群小时温度稍高,群大时温度稍低;夜间温度稍高,白天温度稍低;阴天温度稍高,晴天温度稍低;弱雏温度稍高,壮雏温度稍低;冬季温度稍高,夏季温度稍低。

2.湿度

湿度和温度对雏鹅的健康和生长发育均会产生重要的影响。育雏室要保持干燥、清洁,相对湿度控制在60%~70%。在低温、高湿环境下,雏鹅体内热量大量散发而感到寒冷,引起感冒和"打堆"。在高温、高湿的条件下,雏鹅体内热量散发困难,发病率增加。因此,育雏室的门窗或换气扇要经常通风换气,室内喂水时切勿外溢,保持舍内干燥。

3.通风与光照

随着日龄的增加,雏鹅呼出的二氧化碳、排泄的粪便以及垫草中散发的氨气增多,应及时通风换气,以利于雏鹅的健康和生长。育雏室应安有通风设备,经常通风换气,保证室内空气新鲜。通风换气时,不能让室外的冷风直接吹到雏鹅身上,防止受凉而引起感冒。

照射阳光能提高鹅的生活力,有助于钙、磷的正常代谢,维持骨骼的正常发育。如果天气比较暖和,雏鹅从7日龄左右可逐渐延长舍外活动时间,直接接触阳光,增强雏鹅的体质。

4.密度适宜

雏鹅的饲养密度与雏鹅的运动、室内空气质量以及室内温度、湿度的关系非常密切。如果饲养密度过大,雏鹅运动受到限制,舍内温度偏高,空气质量不好,雏鹅就会出现生长发育受阻,甚至出现啄羽、啄肛等恶癖。随着鹅体增大,应逐渐减小密度,对中小型鹅而言,1周龄后每平方米养雏鹅20只,2周龄后每平方米饲养15只,如天气温暖,2周龄后可放到舍外大圈饲养,但每群最好不超过200只。大型鹅的饲养密度则需

要相应降低2~3成。

二 育雏前的准备

1.育雏舍的维修和消毒

育雏舍要求干燥、保温、空气流通性好。

(1)全面检查和维修。进雏鹅前,对育雏室有破损的排风扇、门窗、墙壁、地面要及时维修,保证舍内无"贼风"入侵,鼠洞要堵好。照明用线路和灯泡必须完好,灯泡个数及分布均匀,达到每平方米3瓦。寒冷季节需安装好取暖设备。

(2)清扫和消毒。进雏鹅前2~3天,彻底清扫育雏室及消毒,墙壁用20%石灰乳涂刷;地面用5%漂白粉悬混液消毒;密封条件好的育雏室可采用熏蒸消毒(每立方米空间用高锰酸钾15克、福尔马林30毫升,密闭门窗熏蒸48小时);食槽、饮水器等器具先用2%氢氧化钠溶液喷洒或洗涤,然后用清水冲洗干净;垫料(草)等使用前要在阳光下暴晒1~2天。育雏室出入处应设有消毒池,进入育雏室的人员严格进行消毒。

(3)准备好育雏用的必要设备。育雏设备包括育雏伞、红外线灯泡、食盘、水槽等。如果采用垫料育雏,应先将一层10厘米厚的清洁干燥的垫料铺好,然后开始供暖。雏鹅舍的温度应在28~30℃才能进雏鹅。将温度表悬挂在高于雏鹅背部5厘米处,并观测昼夜温度变化,以便于准确了解室温的调控情况。

2.选择雏鹅

雏鹅质量的好坏直接影响到雏鹅的生长发育和成活率。选择雏鹅是非常重要的环节,进雏鹅时必须进行严格的选择。

(1)看脐肛。选择腹部柔软、卵黄吸收充分、脐部吸收好、肛门清洁的雏鹅。大肚皮和血脐的雏鹅、肛门不清洁的雏鹅,均表明健康状况不佳。

（2）看绒毛。绒毛要粗、干燥、有光泽。凡是绒毛太细、太稀、潮湿，乃至相互黏着无光泽的，表明发育不佳、体质差，不宜选用。

（3）看体态。用手由颈部至尾部摸雏鹅的背，要选初生体重正常、背部粗壮的鹅。好的雏鹅应站立平稳，两眼有神。要坚决剔除瞎眼、歪头、跛腿等外形不正常的雏鹅。

（4）看活力。健壮的雏鹅行动活泼，叫声有力。当用手握住颈部将其提起时，它的双脚能迅速有力地挣扎。将雏鹅仰翻放倒，其能迅速翻身站起。另外，一群雏鹅中，头能抬得较高的也是活力较好的。

三 育雏方法

根据地区气候条件、育雏季节选用不同的育雏方法。育雏方法主要决定于采用的保温方式和热源来源。目前，国内较大的种鹅场普遍采用供温育雏方法。供温育雏，一般采用地面饲养或网上饲养，这是饲养较多时普遍采用的方法。其育雏形式随热源的来源差异而不同，主要有以下几种育雏方式。

1. 网上育雏

网上育雏（图6-3）需将雏鹅饲养在离地50～60厘米高的铁丝网或竹板网上。热源通过室内的烟道提供，由火炉和烟道构成，炉口设在室外走廊里，紧连火炉，烟道位于室内铁网板下，下部距地面25厘米。此法育雏，管理方便，劳动强度小，不需要垫料，雏鹅与粪便不接触，疾病发生率低，成活率较高。

图6-3　网上育雏

2.立体笼育雏

网上育雏可以采取立体饲养,结合育雏规模和条件,可设置2~3层网,将雏鹅放入分层育雏笼中育雏。与平面育雏相比,能更有效、更经济地利用鹅舍和热能,节省垫料,干净卫生,生产效率高。缺点是设备价格较高,一次性投资大,对管理的要求较高。工厂化育雏主要采取这种方式。

3.电热育雏

用铁皮或木板制成直径1.5米的伞形育雏器。伞内安装电热丝、电热板或红外线灯泡作为热源,伞边离地面约30厘米高,每个保温伞可饲养雏鹅80只左右。此种方法简便、容易调温、节省人力,但耗电多,成本也较高。

4.垫料育雏

垫料育雏(图6-4)需在干燥的地面上,铺垫洁净而柔软的垫料,如锯末、刨花、稻壳与切碎的稻草、麦秸和玉米秸秆等,一般铺5~10厘米。垫料上面采用红外线灯、热风炉、火炉或火墙等保温。

5.火炕育雏

我国北方农村一般采用火炕育雏。炕面与地面平行或稍高,另设烧火间。雏鹅可以接触温暖的炕面,温度平稳,室内无煤气,且成本低,育雏效果较好。

图6-4 垫料育雏

四 雏鹅的饲养管理

1.雏鹅的饲养

（1）日粮配合。根据雏鹅的生理特点，选用雏鹅专用饲料，这样不仅可以满足雏鹅的生长需要，而且可以提高育雏成活率。雏鹅的营养需要包括其正常生命活动的维持需要以及供给生长发育的营养需要。应采用全价配合日粮饲喂雏鹅，最好使用颗粒饲料，直径为2.5毫米，这不仅可以获得很好的增重效果，而且比饲喂粉料节约饲料。随着雏鹅日龄的增长，逐渐增加优质青饲料的补给量，并延长放牧时间。优质青饲料可选用鲜嫩黑麦草、苦荬菜、莴笋叶等多汁青绿饲料，切碎后供雏鹅自由采食，育雏期精料和牧草的比例为1:2左右。

（2）饮水。一定要保证水质干净卫生，育雏前3天，可用凉开水。在水盘中加入含有5%的葡萄糖、0.03%高锰酸钾或1%复合维生素的水溶液。为缓解运输过程中带来的应激，可在水中加入抗生素等。雏鹅进舍后1~2小时应先饮水，身体弱不会饮水的，应人工驯饮。最好使用小型饮水器，水的深度不宜超过1厘米，以雏鹅绒毛不湿为原则。

（3）开食雏鹅出壳后应注意的问题。12~24小时应尽早让其采食，这样有利于提高雏鹅的成活率。前1~2天喂饲时，可将饲料撒在浅食盘或塑料布上，让其啄食。如用颗粒料开食，应将粒料磨破，以便于雏鹅采食。早期由于雏鹅消化道容积小，喂料量应做到少喂勤添，随着日龄的增长，可逐渐增加青绿饲料的喂量。

（4）饲喂方法和次数。育雏早期，雏鹅的消化系统发育未完善，消化道容积较小，从食入到排出需经过2小时左右。因此，饲喂雏鹅要实行多餐制。1周龄前，每天可喂8~10次，其中晚上喂2~3次，这是提高育雏成活率的关键；2周龄时，每天可喂6~8次，晚上喂1~2次；3周龄时，每天饲喂5~6次。另外，育雏栏内放入沙盘，保健沙砾以绿豆大小为宜。

喂料时,可以把精饲料和青饲料分开,先喂精饲料,后喂青饲料,防止雏鹅专挑青饲料,而少吃精饲料,以满足雏鹅的营养需要。

2.雏鹅的管理

(1)分群饲养。刚出壳的雏鹅,应及时合理地分群,使雏鹅生长均匀,从而提高雏鹅的成活率。雏鹅分群饲养应遵循如下原则:第一,根据出雏的时间及体重大小来分群。第二,根据雏鹅采食能力的强弱来分群,凡采食快及食管膨大部明显者为强者,凡采食慢及食管膨大部不明显者为弱者。第三,根据雏鹅性别分群,在出雏后几小时内可用翻肛法来鉴别公母,按公、母分群进行饲喂。如发现食欲不振、行动迟缓、瘦弱的雏鹅,应及时剔出,单独饲喂。分群饲养加上精心管理,可显著提高育雏期的成活率。随着鹅体增大,应逐渐减小饲养密度。

(2)温度适宜。在育雏期间应注意检查温度。如育雏温度过低,雏鹅"打堆"时,应及时驱散,并尽快将温度升到适宜的范围;温度过高时,也应及时降温。随着雏鹅日龄的增长,应逐渐降低育雏温度。在早春或冬季气温较低时,11日龄后逐渐降低育雏温度,到21～28日龄达到完全脱温;而在夏、秋季节则到7～10日龄可完全脱温,其具体的脱温时间视气温的变化灵活掌握。

(3)通风换气。保温的同时应注意防潮。雏鹅饮水时往往会弄湿饮水器或周围的垫料,加上排出的粪便,必然会导致舍内湿度、氨气和硫化氢等有害气体浓度的升高,应该及时排出,否则会引发多种疾病。因此,应注意舍内通风换气,保持垫料干燥,空气流通,地面干燥、清洁。有效的通风方法有定时打开排风换气扇通风,也可在晴天中午,先提高室温1～2℃,再慢慢开启门窗通风换气。

(4)加强免疫与环境消毒。严格按照雏鹅的免疫程序进行防疫接种,可有效防止各种传染性疾病的发生。应经常打扫场地、更换垫料,保持育雏室清洁干燥。每天清洗饲槽和饮水器,消毒育雏环境。适时驱除

体内外寄生虫。注意观察鹅群健康情况,若发现个别雏鹅在采食、饮水、精神和行动上表现异常,则要单独挑出,仔细观察。病鹅要立即隔离治疗,不能治愈的病鹅、死鹅等要采用焚烧、深埋等措施处理,以防止病原扩散,危及全群安全。

(5)放牧与游泳。春季育雏,选择晴朗无风的天气,喂料后的雏鹅可放在育雏室外平坦的嫩草地上活动,让其自由采食青草。开始时,放牧时间要短,随着雏鹅日龄增加,逐渐延长室外活动的时间。放牧的同时可结合游泳,把雏鹅赶到游泳池或浅水处让其自由下水、戏水游玩,以促进新陈代谢,增强体质。放牧的时间和距离随日龄的增长而增加,以锻炼雏鹅的体质和觅食能力,逐渐过渡到以放牧为主,减少精料的补饲,以降低饲养成本。

▶ 第三节　育成期的饲养管理

一 育成期的特点

雏鹅经过舍饲或半舍饲育雏和适度放牧锻炼后进入育成期阶段。这个阶段的特点主要表现为鹅的消化道体积增大,消化能力和对外界环境的适应力及抵抗力大大增强。这个阶段也是鹅骨骼、肌肉和羽毛生长最快的阶段,能够大量利用青绿饲料。这时应多饲喂青绿饲料或进行放牧饲养,放牧饲养能够使鹅得到充分的运动,增强体质,提高抗病力。实践证明,放牧在草地和水面上的鹅群,由于经常处在新鲜空气环境中,不仅能够采食到富含维生素的青绿饲料,还能够得到足够的阳光和运动,促进了鹅的新陈代谢。从育成期肉鹅的特点出发,其饲养管理的重点就是采取放牧或半舍饲圈养为主、精料补饲为辅的饲养方式,充分利用放

牧和青料等条件,加强锻炼,培育出适应性强、耐粗饲、增重快的鹅群,为育肥打下良好的基础。

二 育成期的饲养管理

1.育成期饲养方式的选择

育成鹅的饲养方式与雏鹅有些不同,经过育雏期的生长发育,雏鹅体重一般为1~2千克,身体体温调节机制也趋于完善,不再需要另外的保温措施,饲养密度也要小很多,所以育成期肉鹅的饲养方式大体上可以分为放牧饲养、放牧与舍饲相结合和半舍饲圈养等形式。目前,我国大多数农村散养和养殖专业户都是采用放牧饲养,因为这种方式可以充分利用自然资源,节省饲料成本,具有较高的经济效益。而如果牧草数量和质量不能满足育成肉鹅需求,就要补充精饲料,采用放牧与舍饲结合的方式。但是,随着肉鹅养殖业的不断发展,这种传统的饲养方式已经不能适应大规模的工厂化、集约化生产的需要,全程半舍饲圈养方式能够大幅度地提高生产效率和经济利用,适应肉鹅养殖业的集约化生产,也是养鹅业现代化的重要标志。

2.育成期的放牧场地选择

各地区放牧资源的不一致将直接影响鹅的生长发育效果。场地选择的几点要求细则:第一,放牧场地尽量选择草量丰富的草场,可有效提高单位面积载鹅量;放牧要合理利用牧地,应对牧地实行轮牧,将选择好的牧地分成若干小区,每隔15天、20天轮换1次。第二,要选择牧草种类丰富,特别是豆科、禾本科及菊科牧草丰富的草地,这样有利于各类营养成分的互补,减少精料的补喂量,可有效降低成本。黑麦草、生菜、莴苣叶等都是雏鹅开口的好饲料,其中黑麦草是最佳选择。对于青饲料的利用方式,可以直接放牧采食,也可以青刈舍饲、青贮以及调制成干草和干草粉。第三,放牧地附近最好有水塘、河流等给鹅提供清洁饮水和清洗

羽毛的水源。第四,附近最好有大树或人工建造的简易棚架(舍)作为鹅的遮阳伞,便于鹅及时休息和减少鹅因燥热或风雨引起的应激反应。第五,放牧地要选择远离工业区、主要疫病区、重金属污染区,及生活垃圾等,以利于鹅的健康生长。

3.育成期的放牧饲养管理

育成期是肉鹅饲养的关键时期,对于后期鹅的育肥至关重要。因此,作为养殖者,在这时期要从细节入手,有效提升每只肉鹅的体质,增强其放牧采食能力,为育肥期奠定坚实的基础。育成期肉鹅的放牧管理与雏鹅相似,但是没有雏鹅那么精细。一般在天气适宜时,30日龄左右每天放牧4~6小时,40日龄增加到6~8小时,50日龄以上应全天放牧,根据气温条件可以早出晚归或晚出早归。气温较高时实行"早放晚回",中午适度避暑休息,注意应避免被大雨淋湿鹅身体,气温低时要减少放牧时间。

当草场草质差,鹅吃了一整天还是没有饱,或者当鹅体发生生理变化时,如肩、腿、腹部正在脱旧毛、长新毛时,那就要进行补饲。补饲时为了节省成本,可以人工种植一些优质的青草,如紫花苜蓿、黑麦草等优良牧草来替代精料,补饲量要根据草情、鹅情来定。补喂精料时,尽量用水搅拌均匀饲喂,同时饲槽数量备足,以防弱肉强食,造成采食不均。

放牧有以下几点注意事项。第一,防中暑。北方养鹅的育成期正值夏季,暑天放牧鹅易受到强光的照射和高温的笼罩,极易造成中暑,因此中午应多休息,保证通风顺畅,让鹅体感舒适。宜采用早放早休息、晚放晚休息的方式。而且应及时放水,补足水分。第二,防应激。育成期肉鹅胆小且神经敏感,在放牧时受到外界变化易产生应激,如鞭炮声、汽车鸣笛声、机械声、吆喝声等。所以,防止育成期肉鹅应激应从管理入手,如饲养员的工作服、工具不要经常变换,如需变换,要提前做好预防。第三,防跑伤。鹅走方步,天生运动奔跑能力偏弱,因此放牧时不要对鹅群

图6-5　岸边缓坡

赶得过快,防止相互碰撞、踩踏或撞到石头、硬土等坚硬物体。放牧的距离要由近及远,按照对放牧地草量和鹅采食能力的认识,慢慢向远处放,让鹅逐渐熟悉和适应草地,距离过远,中途要有间歇,以免累伤鹅群。下水的岸边要修成缓坡(图6-5),防止鹅飞跃时撞击受伤。对于受伤的鹅要及时赶回舍,进行调养。第四,防中毒。要事先了解放牧地的农药喷洒情况,打过农药的放牧地至少要经过一次大雨,并经过一定时间后才可以安全放牧。第五,其他注意事项。开始放牧时要点清鹅数,赶回鹅舍时也要点清。如遇到草场放牧人家较多时,要对自己鹅群进行标记,如鹅体涂抹标记、捆绑布条,或挂翅号和脚环,以利于区分。平时应关注天气预报,禁止高温、雨天放牧。最后一次放牧后,要等到鹅羽毛干后才能回舍,防止将鹅舍弄湿。

卫生防疫是该时期不可忽视的一个关键环节。鹅从育雏到育成,也是从鹅舍内逐步向舍外转移的过程,在此期间鹅所处的环境也发生了变化,为了防止应激以及引起疾病可在饮水中或补饲时添加电解多维和抗生素。放牧鹅的外界环境开放,无法避免不明情况的鹅群相互交叉接触,极易造成疾病的传播。因此,为防止感染,要按照免疫程序及时注射小鹅瘟、禽流感、禽霍乱、鸭瘟等疫苗,不可麻痹大意。放牧附近如有农业耕作,喷洒农药,应在10~15天后安全期再放牧。如邻近鹅群发生疫情则放牧地点要远离疫区。每天清洗水槽、料槽,定期消毒,舍内外卫生要搞好,定期更换垫料。对于废弃的垫料、鹅粪进行发酵处理。在放牧

时鹅经常会将虫卵吃到体内,虫卵在鹅体内寄生,影响鹅的身体健康,也会传染其他鹅,因此要进行驱虫。

4.半舍饲圈养饲养管理

舍饲的设备、饲料、人工等费用相对较高,对饲养管理水平要求较高,但是由于放牧草地受到限制,规模化集约养殖商品肉鹅宜多采用半舍饲圈养方式,一般鹅舍内采用地面平养或者网上平养。饲养育成期肉鹅的饲料,应以人工栽培的优质牧草和天然牧草等青饲料为主、精饲料为辅,精、粗饲料合理搭配。半舍饲圈养过程中要保持饮水池的清洁卫生,育成期要勤换鹅舍垫草,保持地面运动场干净卫生。舍外需提供足够的陆地运动场和水面运动场,使鹅能够较充分地走动,增强体质,通常育成期舍外运动场的面积应是舍内面积的2~3倍。另外,运动场内需堆放沙砾供鹅群采食,以增加育成鹅的消化能力。

在舍饲圈养的条件下,由于育成鹅群的运动量减少,加上精饲料的增加,容易造成育成期肉鹅过肥,这会影响育成鹅的骨骼体形发育,不利于以后的育肥,所以在育成鹅舍饲的生产中常采用限饲的技术,使育成期肉鹅有所"吊架子",为后期的育肥做准备。

限饲喂养技术可以通过控制采食量或日粮中某些养分的摄入量,调控动物营养摄入,以获得最大的饲料利用率和最低的饲料成本,并且使动物达到最好的生产效率。通常限饲技术被用于阶段饲养和种鹅的培育,而在肉鹅生产中则应用较少。

经过育成阶段的放牧和饲养,充分利用放牧草地和其他青绿饲料,在较少补饲精饲料的条件下,育成鹅也生长发育得较好,在60~70日龄时,大型鹅品种平均为5~6千克、中型鹅品种为3~4千克、小型鹅品种为2.5~3千克。这时就要把育成鹅转入育肥舍进行短期育肥后,再上市销售。

▶ 第四节　育肥鹅的饲养管理

　　育成期肉鹅饲养到60～70日龄时,虽然体重因品种不同而有差异,但是都已开始形成少量体脂肪,小型品种如太湖鹅体重为2～2.5千克,中型品种如皖西白鹅体重为3.5～4千克,基本上都可以上市。但是从经济角度考虑,此时的育成鹅体重仍偏小,肥度还不够,肉质还有一定的草腥味。由于此时仍按一般的饲养方法饲养,在经济上是不划算的,因此为了进一步提高肉鹅质量和屠宰性能,应采用快速短期育肥法,提供丰富的能量饲料,使育成鹅在短期内育肥后,膘肥肉嫩,胸肌丰厚,屠宰率高,可食部分比重增大。因此,鹅在上市前需要经过一个短期的育肥期,一般育肥期以10～15天为宜。研究表明,皖西白鹅放牧育肥的最佳时间为14天,14天之后,增重效果显著下降。

　　育肥前应该有一段育肥过渡期,或称预备期,使育肥鹅群逐渐适应育肥期的饲养管理。育肥的方法按采食方式可以分为两大类:自由采食育肥法和填饲育肥法。自由采食育肥法包括放牧补饲育肥法、舍饲育肥法。放牧补饲育肥法是最经济的育肥方法,在我国农村地区养殖户大多采用这种方法育肥;放牧条件不充足或集约化养殖时,则采用舍饲育肥法,舍饲育肥法管理方便,使用单一能量饲料或以能量饲料为主的配合饲料喂养鹅群,育肥效果好。填饲育肥法包括手工填饲育肥法和机器填饲育肥法。

一　放牧育肥

　　放牧育肥成本低,但是效果不如舍饲育肥好,一般结合农时进行,即在稻麦收割前50～60天开始雏鹅的养殖,稻麦收割后的空闲田最适合

50~60日龄的育成鹅放牧育肥,这样可以充分利用残留的谷粒和麦粒。良好的放牧育肥方法要有一定的路线,放牧条件好且面积大的地方可以选择逐渐向城镇或收购地靠拢,且放牧路线上应有水质清洁的水源。放牧中让鹅吃饱后再放下水,每次游泳30分钟,上岸休息30分钟,再继续放牧。鹅群归牧前应该在舍外给予休息和补饲,每天每只鹅用100克精饲料加上切细的青饲料拌匀后饲喂,青饲料占精饲料量的20%左右。这样经过约15天的放牧育肥,到达目的地就地收购,既减少了运输途中的麻烦、防止掉膘或者伤亡,又减少了能量消耗,提高了放牧育肥的效果。

二 舍饲育肥

虽然放牧育肥肉鹅成本低,但是工作量大,工作人员很辛苦。生产中可将鹅圈养在舍内,限制其活动,饲喂丰富的精饲料和青绿饲料,让鹅迅速肥壮起来,这就是舍饲育肥法。舍饲育肥主要有栅上育肥和地面圈养育肥两种方式。

我国华南一带多采用在围栏栅上育肥,栅架距离地面60~70厘米,栅条间距离3~4厘米,鹅粪可以通过栅条间隙漏到地上,育肥结束后一次性清理粪便,栅面上可保持干燥、干净的环境,这样既减少了工作强度,也有利于育肥鹅的健康和育肥效果。为了限制鹅的活动,可以将栅面分割成若干小栏,以每栏10平方米为宜。饲料量以让鹅吃饱为止,并且提供一些青绿饲料,供给清洁、充足的饮水。

圈养育肥肉鹅就是指把肉鹅圈养在地面上,限制其活动,饲养密度为每平方米4~6只,并给予大量能量饲料,让其长膘长肉。在我国东北地区,由于天气寒冷,多采用在地面加垫料的方式育肥肉鹅,定期清理垫料或添加新垫料,与栅上育肥方式相比,这种育肥方式加大了人员劳动强度,卫生条件较差,但是投资少,育肥效果也很好。在圈养育肥时,鹅舍要特别安静,能限制鹅活动,可以隔日让鹅群水浴1次,每次10分钟。

采用自由采食,充分供给以能量饲料为主的精饲料的饲喂方法,每天每只鹅用300~500克精饲料加上切细的青饲料拌匀后饲喂,青饲料占精饲料量的10%~20%。这样经过10~15天的育肥即可达到上市出售或加工所需肥度的肉鹅标准。出栏时,同样实行全进全出制,并清洗消毒圈舍后再育肥下一批肉鹅。

三 填饲育肥

填饲育肥俗称"填鹅",可以加快育肥速度和缩短育肥时间。具体方法是将配制好的饲料制条,然后一条一条地塞进肉鹅的食管里,强制其吞下去,再加上安静的环境,减少活动,肉鹅就会逐渐肥胖起来,肌肉也会逐渐变结实。填饲育肥法的饲料利用率高、育肥效果好,一般填饲5~7天,可以增重20%~30%。填饲的适宜温度为10~25℃。温度超过25℃的炎热天气不宜填饲。

1.填饲饲料

填饲育肥的饲料能量要求比平时高,一般是用碎米、玉米、豆饼粉和糠麸类等按比例混合而成。填饲育肥的饲料配方:玉米60%~65%、米糠20%~21%、豆饼5%~8%、麸皮10%~15%、食盐约5%,并补充少量微量元素、多种维生素等。将饲料用水拌匀成稠粥状,填饲初期水料可以稀一些,后期应稠一些。填饲前,先把水稀料闷浸约4小时,再将其搅拌均匀后,再进行填饲。夏季高温时不必浸泡饲料,以防饲料变馊。刚开始填饲时,填饲量以每次120~150克(干料)为宜,3天后逐渐增加到每次填饲160~250克。填饲时间为每昼夜3次,即8:00、14:00、21:00。

2.填饲方法

肉鹅填饲育肥方法分为手工填饲法和机器填饲法两种。

(1)手工填饲法。手工填饲法由人工操作,一般要两人互相配合,填饲员左手固定住鹅头,不使鹅头往下缩,并使鹅不乱动,助手将饲料顺着

插入食管的饲料管逐渐加入,由于填饲只能将饲料填入食管的中部,因此要用右手拇指、食指和中指在鹅的颈部轻轻地将填入的饲料往食管膨大部填下,填满后再将填饲管向上移,直至颈部食管填满,一直填到距离咽喉5厘米处为止。将填饲管退出食管后填饲员要捏紧鹅嘴,并将鹅喙垂直向上拉扯,右手轻轻地将食管上端的饲料往下捋2～3次,使饲料尽可能下到食管中段,然后将填饲完的鹅放归鹅圈。手工填饲效率低下,每人每小时只能填饲40～50只鹅,现在大群鹅的填饲育肥一般采用填饲机进行填饲。

(2)机器填饲法。填饲员的左手抓住鹅头,食指和大拇指捏住鹅嘴基部,右手食指伸入鹅口腔,将鹅舌头压向下颌,然后将鹅的嘴移向机器,小心地将事先涂上油的喂料管子慢慢插入食管的膨大部,此时要注意让鹅颈部伸直,右手握住鹅颈部食管内管子出口处,开动机器,右手将食管内的饲料捋向食管下部,如此反复,至饲料填到距离咽喉1～2厘米时,可关机停喂。为了防止鹅吸气时饲料掉进呼吸道导致窒息,在使鹅离开填饲机管子的时候,应该将鹅嘴捏住,并将其颈部垂直向下拉,用食指和拇指将饲料向下捋3～4次。填饲时要注意观察填饲鹅的状况,避免饲料阻塞食管,造成食管破裂。

▶ 第五节　种鹅的饲养管理与繁育

一 后备种鹅的选择与淘汰

为了培育出健壮、高产的种鹅,保证种鹅的质量,留作种用的鹅应经过3次选择,将生长发育良好、符合品种特征的鹅留作种用。

第一次选择,在育雏期结束时进行。这次选择的重点是选择体重大

的公鹅,母鹅则要求体重中等,淘汰那些体重较小的、有伤残的、毛色或外貌有明显欠缺的个体。经选择后,公、母鹅的配种比例:大型品种为1:2,中型品种为1:(2.5~3),小型品种为1:(3~4)。

第二次选择,在70~80日龄进行。可根据体尺体重、羽毛生长以及体形外貌等特征进行选择。淘汰生长速度较慢、体形较小、腿部有伤残的个体。

第三次选择,在170~180日龄进行。应选择具有品种特征,生长发育好,体重符合品种要求,体形结构、健康状况良好的鹅留作种用。公鹅要求体质健壮,躯体各部分发育匀称,头大小适中,雄性特征明显,两眼灵活有神,胸部宽而深,腿粗壮有力。母鹅要求体重中等,颈细长而清秀,体形长而圆,臀部宽广而丰满,两腿结实。选留后的公、母鹅的配种比例:大型鹅种1:3,中型鹅种1:(3.5~4),小型鹅种1:(4~5)。

二 产蛋期种鹅的饲养管理

饲养种鹅的主要目的是提高产蛋量和种蛋的受精率,使每只种母鹅生产出更多健壮的雏鹅。根据母鹅繁殖周期内的不同生理阶段,一般分为产蛋前期、产蛋期和休产期3个阶段。

1.产蛋前期的饲养管理

后备种鹅进入产蛋前期时,公鹅体质健壮,生殖器官发育良好;母鹅羽毛紧贴体躯,性情温驯,腹部饱满、松软有弹性,耻骨间距增宽,食欲旺盛,采食量增大,行动迟缓,常常表现出用头点水,寻求配偶。在出现这些现象时,则表明临近产蛋期。此时期的饲养管理要点如下:

(1)饲喂全价配合日粮。原先以放牧为主的饲养方式逐渐改为以舍饲为主的方式,逐渐增加日粮补饲量。注意日粮中营养物质的平衡,使种鹅的体质得以迅速恢复,为产蛋积累丰富的营养物质基础。

(2)补充人工光照。光照的作用:光通过视觉刺激脑垂体前叶分泌

促性腺激素,促使母鹅卵巢中的卵泡发育增大,卵巢分泌雌性激素促使输卵管的发育,同时使耻骨开张、泄殖腔扩大。光照引起公鹅促性腺激素的分泌,刺激睾丸精细管发育,使公鹅达到性成熟。因此,光照的时间长短及强弱,以不同的生理途径影响家禽的生长和繁殖,对种鹅的繁殖力影响较大。光照分为自然光照和人工光照两种,人工光照可克服日照的季节性,能够创造适合家禽繁殖生理机能所需要的昼长。光照适当,能提高鹅的产蛋量,提高种蛋的受精率,取得较好的经济效益。

光照的原则:光照对鹅的繁殖力影响十分复杂。在临近产蛋时,延长光照时间,可刺激母鹅适时开产,而缩短光照则推迟母鹅的开产时间。在生长期采用自然光照,然后逐渐延长1~2小时光照时间,可促使母鹅开产,调控光照可以获得反季节性连续产蛋。在鹅休产换羽时突然缩短光照,可加速其羽毛脱换。

光照制度:开放式鹅舍的光照受自然光照的影响较大,在每年夏至前自然光照时间由短变长,夏至过后光照时间由长变短。光照方案必须根据鹅群生长发育的不同阶段分别制订。

育雏期:为使雏鹅均匀一致地生长,0~7日龄提供23~24小时的光照时间。8日龄以后则应从24小时光照逐渐过渡到只利用自然光照。

育成期:只利用自然光照。

产蛋前期:种鹅临近开产期,用6周的时间逐渐增加每天的人工光照时间,自然光照加人工光照的时间为16小时左右。

产蛋期:自然光照加人工光照的时间为16小时左右,一直持续到产蛋结束。

(3)公母配比适当。为提高种蛋的受精率,除考虑种鹅的营养需要外,还必须注意鹅群的健康状况,提供适宜的公母配比。由于鹅的品种不同,公鹅的配种能力也不同。一般来说,品种体形偏小的公鹅配种能力较强,体形偏大的公鹅配种能力较差。种鹅配种时间一般以早晨和傍

晚较多,而且多在水中进行。因此,提供理想的水源是提高种蛋受精率的重要技术措施。产蛋前期,母鹅在水中往往围在公鹅附近游泳,并对公鹅频频点头亲和,均为求偶的行为。因此,要及时调整公母配种比例,小型鹅公母配比为1:(6~7),中型鹅配比为1:(4~5),大型鹅配比为1:3。

(4)饲养管理。应逐渐增加日粮的补饲量,补饲量不能增加过快,一般用1周左右过渡到自由采食,否则会导致较早产蛋,而影响以后的产蛋和受精能力。此期间若采用舍饲,应补充一部分粗饲料。若仍采用放牧方式,放牧时间应缩短,要让种鹅有较多的时间下水洗浴、戏水。产蛋前1个月左右应进行1次驱虫,母鹅要注射小鹅瘟疫苗。

2.产蛋期的饲养管理

(1)日粮配合。日粮配合由于种鹅连续产蛋的需要,消耗的营养物质特别多,特别是蛋白质、钙、磷等营养物质。如果饲料中营养不全面或某些营养元素缺乏,则会造成产蛋量下降,停产换羽。产蛋期种鹅日粮中粗蛋白质水平应增加18%~19%,有利于提高母鹅的产蛋量。产蛋期种鹅一般每天饲喂3次,早、中、晚各1次。在精饲料给量上,小型鹅平均每只每天在150克左右,中型鹅在200克左右,大型鹅在250~300克。粗料应任其自由采食。补饲量是否恰当,可根据鹅粪情况来判断。如果粪便粗大、松软呈条状,轻轻一拨就分成几段,说明鹅采食青草多,消化正常,用料适合;如果粪便细小结实,断面呈粒状,则说明采食粗饲料较少,容易导致鹅体过肥,产蛋量反而不高,可适当减少精补量;如果粪便颜色发白且不成形,排出即散开,说明精料过少,营养物质跟不上,应增加精料量。

(2)以舍饲为主,适当补饲青粗饲料。产蛋期的种鹅采用舍饲为主的饲养方式比较合适,每次饲喂后,任其到舍外运动场运动。种鹅喜欢在早、晚交配,让其在早、晚各游泳1次,有利于提高种蛋受精率。

(3)防止窝外蛋。母鹅的产蛋时间大多数集中在下半夜至10:00左

右,个别的鹅在下午产蛋。因此,产蛋鹅10:00以前,在鹅舍内补饲,产蛋结束后再放出舍外运动。母鹅有择窝产蛋的习惯,因此,在产蛋鹅舍内应设置产蛋箱或产蛋窝,以便让母鹅在固定的地方产蛋。开产时,可有意训练母鹅在产蛋箱(窝)内产蛋。对于采用放牧方法饲养的种鹅群,如发现个别母鹅鸣叫不安,腹部饱满,尾羽平伸,泄殖腔膨大,行动迟缓,有觅窝的表现,用托蛋法检查腹中有没有蛋,如果有蛋,应将母鹅送到产蛋箱(窝)内,而不要随大群放牧。

(4)就巢性控制。许多鹅品种有不同程度的就巢性,对产蛋性能影响很大。如果发现母鹅有恋巢表现时应及时隔离,关在光线充足、通风凉爽的地方,只给饮水不喂料,2～3天后喂一些干草粉、糠麸等粗饲料和少量精料,使其体重不过分下降,待醒抱后能迅速恢复产蛋。

(5)影响种蛋受精率的因素。种蛋受精率的高低直接影响到饲养种鹅的经济效益。鹅的产蛋数本来就低,如果受精率低,经济效益会更差。为了提高种蛋受精率,除了加强饲养管理,注意环境卫生,适时配种,配种比例恰当外,还应掌握公鹅影响受精率的因素,以采取有效措施。

严格选择种公鹅。对种公鹅总体要求是体格高大匀称,体质健壮结实,中等膘情,羽毛紧密,性欲旺盛,精液品质良好。某些公鹅性机能有缺陷,例如,生殖器萎缩、阴茎短小,甚至出现阳痿、精液品质差、交配困难。解决的唯一方法是在产蛋前,公、母鹅组群时,对选留公鹅进行严格的选择,并对精液品质进行鉴定,检查公鹅的阴茎,淘汰生殖器有缺陷的公鹅,保证留种公鹅的质量,才能提高种蛋的受精率。

公鹅具有择偶性。选择性配种将减少与其他母鹅配种的机会,某些鹅的择偶性还比较强,从而影响种蛋的受精率。在这种情况下,应提前2个月左右让公、母鹅尽早合群,如果发现某只公鹅只与某只母鹅或几只母鹅固定配种时,应及时将这只公鹅隔离,经1个月左右,才能使公鹅忘

记与之固定配种的母鹅,而与其他母鹅交配,有利于提高受精率。

公鹅啄斗影响配种。在繁殖季节,公鹅有格斗争雄的行为,往往为争先配种而啄斗致伤,严重影响种蛋的受精率。对于此种情况,应将争斗的公鹅分别饲养,并配备相应的母鹅。

公鹅换羽。公鹅换羽时,阴茎缩小,配种困难,也会影响种蛋的受精率。

(6)种鹅的选择与淘汰。鹅繁殖的季节性很强。南方鹅一般到每年的4—5月份开始陆续停产换羽,北方鹅6月末至7月初开始停产。如果种鹅只利用一个产蛋年,当产蛋接近尾声时,可首先淘汰那些换羽的公鹅和母鹅。另外,根据母鹅耻骨间隙,淘汰那些没有产蛋、但未换羽、耻骨间隙在3指以下的个体。当然同时也可将产蛋末期的种鹅全群淘汰。这种只利用一个产蛋年的制度,种蛋的受精率、孵化率较高,而且可充分利用鹅舍和劳力,节约饲料,经济效益较高。但作为较大规模的种鹅场,种鹅应利用3~4年后再淘汰,因种鹅产蛋第1~4年逐年提高,至第5年才下降。

3.休产期种鹅的饲养管理

南方种鹅的产蛋期一般只有5~6个月,北方种鹅产蛋期为8~9个月。母鹅的产蛋期除品种外,各地区气候不同,产蛋期也不一样,我国南方集中在10月份至翌年4—5月份产蛋,北方则春季集中在2~6月初,秋季10—12月份产蛋。产蛋末期产蛋量明显减少,畸形蛋增多,公鹅的配种能力下降,种蛋受精率降低,大部分母鹅的羽毛干枯,在这种情况下,种鹅进入休产期。因此,加强休产期种鹅饲养管理,也是提高养鹅经济效益的关键之一。

(1)调整鹅群。母鹅停产后,可首先淘汰换羽的公鹅和母鹅以及伤残个体,其次淘汰产蛋性能低、体形小及耻骨间隙在3指以下的母鹅,同时淘汰多余的公鹅。

需要组配新群。在淘汰部分种鹅的同时按比例补充后备种鹅，使鹅群保持旺盛的生产能力。一般母鹅群的年龄结构:1岁种鹅占30%、2岁鹅占25%、3岁鹅占20%、4岁鹅占15%、5岁以上的鹅占10%。新组配的鹅群公母比例:大型品种为1:(2.5~3)、中型品种为1:(3~3.5)、小型品种为1:(4~4.5)。新组配的鹅群必须按公母比例同时换公鹅。

(2)人工强制换羽。在自然条件下,母鹅从开始脱羽到新羽长齐需较长的时间,为了缩短换羽的时间,换羽后产蛋比较整齐,可采用人工强制换羽。人工强制换羽是通过改变种鹅的饲养管理条件,促使其换羽。首先停止人工光照,停料2~3天,只提供少量的青饲料,并保证充足的饮水。第4天开始喂由青饲料加糠麸糟渣等组成的青粗饲料,第十天左右试拔主翼羽和副翼羽,如果试拔不费劲,羽根干枯,可逐根拔除。否则应隔3~5天后再拔1次,最后拔掉主尾羽。拔羽当天鹅不能下水,同时防止雨淋和烈日暴晒,应当圈养在运动场内喂料喂水,以防细菌感染引起发炎。

(3)限制饲养。休产期种鹅应以粗饲料为主,将产蛋期日粮改为休产期日粮。提高鹅群耐粗饲料的能力,从而降低饲养成本,提高养鹅经济效益。

母鹅的日平均饲料用量一般比生长阶段减少50%~60%,饲料中可添加较多粗料,如麸、青草、黄贮玉米秸、糠等。有放牧条件且牧草质量好的,可不喂或少喂精料,若放牧条件差,则应每天补料2次。

▶ 第六节　鹅的繁殖技术

一　选择优良鹅种

鹅的品种较多,且不同品种的繁殖性能差异较大。选择鹅种除了考虑到市场需求外,还要考虑繁殖性能和适应性。

种鹅场还应该做好鹅群的选淘、留种工作。应选留体质健康、发育正常、繁殖性状突出、符合本品种特征的个体。对留种的公鹅,更要逐个进行检查,挑选体格健壮、性器官发育正常、精液品质好、无杂毛的公鹅留种,以不断提高公鹅的交配能力。还可以应用现代遗传育种学原理和方法,通过家系选择、导入杂交等方式培育繁殖性能高的品种(系)。

二　优化鹅群结构

合理的鹅群结构不但是组织生产的需要,也是提高繁殖力的需要。在生产中,应及时把过老的种鹅淘汰掉,及时补充新鹅进群。规模化的养鹅场,种鹅饲养提倡全进全出制,不同年龄的种鹅不能同群饲养。在全进全出制的情况下,鹅群一般可利用3年,然后一次性淘汰。

三　适宜的公母比例

在自然交配条件下,合理的比例和繁殖小群能提高鹅的受精率。大型鹅种配种群的公、母比例为1:(3~4)、中型为1:(4~6)、小型为1:(6~7)。公鹅多了,不仅浪费饲料,还会互相争斗、争配,影响种蛋受精率。如果公鹅过少,产蛋母鹅得不到充分交配,也会影响受精率。繁殖配种群不宜过大,每群以50~150只为宜。自然交配一般在体形差异较小的

品种或品系间进行。不管是小群、大群,还是个体单配,一般都能获得较高的受精率。同时,自然交配管理成本低,但公鹅饲养比例较高。

四 加强饲养管理

1. 通过合理的营养调控,控制种鹅的性成熟和产蛋量

后备鹅饲养管理过程中,从雏鹅至3月龄鹅应给足配合饲料。在有放牧条件的地区,可在充分放牧酌情补喂精料;在舍饲条件下,要定时不限量地饲喂配合饲料。从3月龄之后至开产前1个月左右,应实行限制饲养,控制增长速度,增加粗料量,精料酌减。尤其要加强放牧、运动,吃足青料。在种鹅的育成期,应严格控制种鹅的生长速度,防止在开产时因体重过大或过小而影响产蛋率和受精率。自开产前1个月起,应逐渐增加精料,过渡到自由采食。这样既可提高其耐粗料的能力、增强体质,又可控制母鹅过早产蛋,以免影响日后的产蛋量。此外,可以将公、母鹅分开饲养,防止早熟公鹅过早配种,使公鹅发育不良,影响以后的配种能力。为提高种鹅的产蛋量和种鹅的受精率,配合饲料饲喂种鹅效果较好。饲喂鹅一定比例的青绿饲料,可提高产蛋率、种蛋受精率和孵化率,有条件的地方应于繁殖期多提供一些青绿饲料。

2. 科学合理的光照是提高种鹅产蛋率的一项重要措施

光照可以促进鹅卵泡的成熟和排卵。在育成期内,可通过增加光照时间、提高光照强度来促进卵泡发育,以便适时开产。进入产蛋期后,要稳定光照时间和强度,保持连续高产。一般光照时间为13~14小时,光照强度为25勒克斯/米²就可满足鹅产蛋、配种的需要。适时延长光照时间,可使鹅的产蛋期延长,提高产蛋量,增加全年的种蛋量,有利于种蛋利用率的提高。

3. 鹅群健康是正常生产的前提

患病鹅群的代谢功能易发生紊乱,其产蛋量、配种能力及种蛋孵化

率都会明显降低。种鹅每年产蛋前要接种禽流感、禽霍乱、鹅新城疫疫苗。对于未进行母体免疫的小鹅出雏7天用小鹅瘟血清或小鹅瘟疫苗免疫注射，以便有效地预防疫病的发生。对种鹅群应做好日常保健工作，如定期对鹅体、鹅舍、运动场进行全面消毒，对饮水器、饲喂工具经常清洗和消毒。夏季应投喂2次驱虫药物。

4.提供必要的养殖设施，保证鹅的休息、运动以及交配

鹅是水禽，自然交配时，以水面交配受精率最高。一般每只种鹅应有0.5～1平方米的水面运动场，水的深度为1米左右。水源最好是活水，缓慢流动且水质良好。鹅的交配多半在水面上进行，早、晚交配频繁。晚上休息的场地应选择平坦、无风的地面，每只种鹅应有0.4～0.5平方米的面积。

5.母鹅产蛋前要准备好产蛋箱(窝)

产蛋箱(窝)内垫草要柔软干燥，种蛋应随下随捡，避免污染，不能用水洗种蛋。种蛋的保存条件和时间对孵化率影响很大。适宜的保存温度为8~18℃，相对湿度为70%～80%，保存期以7天以内为好，7天后每天应翻蛋1次。种蛋入孵前要消毒，可用百毒杀、新洁尔灭等稀释液浸泡或用高锰酸钾和福尔马林熏蒸消毒。

第七章 鹅病防治

第一节 我国鹅病的流行特点

一 混合感染比例增加

以前鹅发生疫病是单一的病原所致,而现在多为两种或两种以上的病原协同致病。病原有病毒、细菌、寄生虫等,既有病毒与细菌、细菌与细菌、病毒与病毒混合感染,又有细菌或病毒与寄生虫混合感染。

二 疫病种类不断增加,老病绵延不绝,新病不断出现

目前,国内外已经报道的鹅病有高致病性禽流感、鹅新城疫(鹅副黏病毒病)、小鹅瘟(鹅细小病毒病)、大肠杆菌病、传染性浆膜炎、禽霍乱、沙门氏菌病、支原体感染、新型病毒性肠炎、呼肠孤病毒感染、鹅圆环病毒病、鹅出血性肾炎肠炎、球虫病、梭菌性肠炎、李斯特菌病等20余种。危害十分严重的疫病有高致病性禽流感、鹅新城疫、小鹅瘟、大肠杆菌病、传染性浆膜炎。特别是近年来新病不断出现,如坦布苏病毒病、鹅出血性肾炎肠炎、鹅出血性坏死性肝炎、鹅圆环病毒病等,由于检测技术和免疫预防研究不够深入,加之无有效治疗药物,给养鹅业带来较大的威胁。

三 重大传染病威胁巨大

高致病性禽流感和鹅新城疫这一类疫病都可引起鹅发病,目前实施疫苗免疫,由于一定滴度免疫抗体的存在,疫病的临床表现和病变呈现非典型变化。对于高致病性禽流感,尽管采取了强制免疫措施,但免疫防控只能减弱临床发病、死亡和病毒的感染强度,并不能消除病毒的感染,因此,免疫选择压力可能加快病毒变异。

四 隐性感染疫病危害可能加剧

随着养殖场的养殖规模和密度提高,疫病的传播速度加快,感染引起的损失加大,一些持续性感染的疫病危害加剧。如呼肠孤病毒、圆环病毒在大规模和高密度的养殖条件下,鹅群应激增加,这两类病毒在雏鹅群中水平传播加速,可能成为新的严重疫病。

五 细菌耐药性问题严重

细菌性疫病发生频繁,细菌耐药性日益严重。目前养鹅场设施简陋,卫生条件差,消毒措施难以实施,大肠杆菌病、传染性浆膜炎和支原体病等发病率较高,抗菌药应用种类多、剂量大以及不合理使用,导致细菌耐药性比较严重。

▶ 第二节 鹅场的生物安全管理措施

随着养殖业的快速发展,生产规模的扩大,环境污染的加剧,鹅疫病不断发生,且新的疫病不断出现和流行,给鹅养殖带来严峻考验。所以,必须建立鹅场的生物安全体系,保障鹅的安全,提高养殖的经济效益。

一 鹅场的卫生防疫措施

鹅场应建在地势较高的地方,以免场区积水或被水淹,同时,场地应有5°~10°的坡度,以利排水;水源充足、交通方便,但要远离车站、码头、交通要道;距离公共场所、居民区3 000米以上,距离屠宰场、加工场、畜禽交易场所等至少也应在3 000米以上,场外最好有一定的隔离缓冲区,场内实行封闭式管理。

养殖场应实行全进全出的饲养管理制度,即每一场区仅饲养同一个日龄的鹅,这样既消除了致病菌在各种日龄段之间传播的可能性,又提供了完全空舍和彻底清洗禽舍的机会,可以彻底清除潜在病原的循环。

养殖场实行封闭式管理,唯一的入口是场区大门,所有的人员、车辆、物资等都从大门进入场区,所以门口的消毒隔离工作对养殖场的防疫非常重要。因此,门口必须设立消毒池和消毒中心,如果有其他出口与外界相通,也应设立消毒池。门口设车辆消毒池,其宽度至少4米,长度大于5米为宜,池中消毒液的深度应大于10厘米,消毒液可使用浓度为3%的火碱溶液,在保持水质清洁的情况下可3天更换一次。

个人生活用品应统一购买,所有物资经窗口传入场内,物品进入场区必须使用消毒液冲洗浸泡或用3倍量的甲醛熏蒸12小时方可入内。较小或不能熏蒸的物品(如手机等),放在专门的紫外线消毒箱内消毒15分钟,严禁私自带入,严禁带入禽类产品及食品。

二 鹅场的消毒

1. 环境消毒

在生产过程中,保持内外环境的清洁是发挥消毒作用的基础。生产场区要求无杂草、垃圾。道路硬化,两侧有排水沟,沟底硬化,不积水,排水方向从清洁区流向污染区。平时应做好场区环境卫生,定期用高压水

枪冲洗路面,每月对场区道路、水泥地面、排水沟等区域用3%氢氧化钠溶液或其他消毒液进行4~5次的喷洒消毒。保持禽舍四周清洁无杂物,定期喷洒杀虫剂消灭昆虫,在老鼠出没的地方投放毒鼠药。

2.空舍消毒

每栋禽舍全群移出后,在下一批雏苗进舍之前,必须对禽舍及用具进行全面彻底的消毒。禽舍的全面消毒包括禽舍清空、机械性清扫、水冲、消毒剂消毒、干燥、再消毒、再干燥。在清空禽舍后,要先用3%氢氧化钠溶液或其他消毒液喷洒,如有寄生虫还要加用杀虫剂,移出的饲养设备(料槽、饮水器、底网等)要在专门的清洁区进行清洗消毒。对排风扇、通风口、天花板、笼具、墙壁等部位的粉尘进行清扫,然后用高压水枪由上而下、由内向外冲洗干净。要注意对角落、缝隙、设施背面的冲洗,做到不留死角。禽舍经彻底清洗干燥,再经过必要的检修、维护后,即可进行消毒。首先用3%氢氧化钠溶液喷洒消毒,24小时后用高压水枪冲洗,干燥后再喷雾消毒1次。为了提高消毒效果,一般要求使用两种以上不同类型的消毒药进行至少3次消毒。喷雾消毒要使消毒对象表面出现湿润水珠,最后一次最好把所有用具放入舍内再进行密闭熏蒸消毒。熏蒸消毒一般每立方米的空间用福尔马林42毫升、高锰酸钾12克、水21毫升,先将水倒入耐腐蚀的容器内,加入高锰酸钾搅拌均匀,再加入福尔马林,消毒人员操作时要戴防毒面具,操作完毕迅速离开。门窗密闭24小时后,打开门窗通风换气2天以上,散尽余气后方可使用。

3.带禽消毒

带禽消毒能有效清除舍内的病原微生物,阻止其在舍内积累,并能有效降低舍内空气中的尘埃,避免呼吸道疾病的发生,确保鹅健康。实践证明,带禽消毒可以大大减轻疫病的发生,在夏季还有降温的作用。带鹅消毒须慎重选择消毒药,要对人和禽的吸入毒性、刺激性、皮肤吸收性小,不会侵入并残留在肉和蛋中,对金属、塑料制品的腐蚀性小或无腐

蚀性。养殖场一般选择季铵盐类消毒剂或含氯、含碘的消毒剂。消毒剂稀释后稳定性变差,不宜久存,应现用现配,一次用完。配制消毒药液应选择杂质较少的深井水或自来水,寒冷季节,水温要高一些,以防家禽受凉而患病;炎热季节水温要低一些并选在气温高时喷雾,以便消毒的同时起到防暑降温的作用。

带禽消毒应包括整个群体所在的空间和环境,否则就不能较好地控制部分疫病。先对禽舍环境进行彻底的清洁,以提高消毒效果。消毒器械一般选用高压喷雾器或背负式手摇喷雾器,将喷头高举空中,喷嘴向上以画圆圈方式先内后外逐步喷洒,使药液如雾一样缓慢下落。要喷到墙壁、屋顶、地面,以均匀湿润和体表稍湿为宜,不得直接朝向禽体喷雾。喷出的雾粒直径应控制在80~120微米,不要小于50微米。雾滴过大易造成喷雾不均匀和禽舍太潮湿,且在空中下降速度太快,与空气中的病原微生物、尘埃接触不充分,起不到消毒的作用;雾滴太小则易被家禽吸入肺脏,诱发呼吸道疾病。

4.消毒时的注意事项

熏蒸消毒禽舍时,舍内温度保持在8~18℃,空气中的相对湿度达到70%以上才能很好地起到消毒作用。盛装药品的容器应耐热、耐腐蚀,容积应不小于福尔马林和水总容积的3倍,以免福尔马林沸腾时溢出使人灼伤。根据不同消毒药物的消毒作用、特性、成分、使用方法,以及消毒对象、目的、疫病种类,选用两种或两种以上的消毒剂按一定的时间交替使用,使各种消毒剂的作用优势互补,确保消毒效果。在活疫苗免疫接种前后1天内,或在饮水中加入其他有配伍禁忌的药物时,应暂停带禽消毒,以防影响免疫或治疗效果。带禽消毒时间最好固定,且应在暗光下进行,以防应激。操作人员要佩戴防护用品,以免消毒药物刺激眼、手、皮肤、黏膜等。同时也应注意避免消毒药物伤害禽群及物品,严禁将氢氧化钠溶液作带禽喷雾消毒使用。

第三节　鹅群免疫

1.小鹅瘟雏鹅活苗免疫

未经小鹅瘟活苗免疫种鹅后代的雏鹅,或经小鹅瘟活苗免疫100天之后种鹅后代的雏鹅,在出壳后1~2天内应皮下注射小鹅瘟雏鹅活苗免疫。免疫7天内须隔离饲养,防止其在未产生免疫力之前因野外强毒感染而引起发病,7天后免疫的雏鹅产生免疫力,基本可以抵抗强毒的感染而不发病。免疫种鹅在有效期内其后代的雏鹅有母源抗体,不要用活苗免疫,因母源抗体能中和活苗中的病毒,使活苗不能产生足够免疫力而导致免疫失败。

2.小鹅瘟抗血清免疫

在无小鹅瘟流行的区域,易感雏鹅可在1~7日龄时用同源(鹅制)抗血清,琼扩效价在1:16以上,每只皮下注射0.5毫升。在小鹅瘟流行的区域,易感雏鹅应在1~3日龄时用上述血清,每只0.5~0.8毫升。异源血清(其他动物制备)不能作为预防用,因注射后有效期仅为5天,5天后抗体很快消失。上述方法均能有效地控制小鹅瘟的流行发生。

3.鹅副黏病毒病灭活苗、鹅禽流感灭活苗免疫

种鹅未经免疫后代的雏鹅或免疫3个月以上种鹅后代的雏鹅,如当地无此两种病的疫情,可在10~15日龄时用油乳剂灭活苗免疫,每只皮下注射0.5毫升;如当地有此两种病的疫情,应在5~7日龄时用灭活苗免疫,每只皮下注射0.5毫升。

4.鹅出血性坏死性肝炎灭活苗、鹅浆膜炎灭活苗免疫

7～10日龄雏鹅用灭活苗免疫,每只皮下注射0.5毫升。

二 仔鹅群

鹅副黏病毒病灭活苗、鹅禽流感灭活苗免疫:鹅副黏病毒病在第一次免疫后2个月内,鹅禽流感在第一次免疫后1个月左右进行第二次免疫,适当加大剂量,每只鹅肌内注射1毫升。后备种鹅3月龄左右进行小鹅瘟种鹅活苗免疫1次,作为基础免疫,按常规量注射。

三 成年鹅群

1.产蛋前免疫

鹅卵黄性腹膜炎灭活苗或鹅卵黄性腹膜炎、禽巴氏杆菌二联灭活苗免疫:鹅群在产蛋15天前左右一侧肌内注射单苗或二联灭活苗免疫。

鹅副黏病毒病灭活苗、鹅禽流感灭活苗免疫:鹅群在产蛋前10天左右,在另侧肌内注射油乳剂灭活苗免疫,每鹅肌内注射1毫升。

小鹅瘟种鹅免疫:在产蛋前5天左右,如仔鹅群已免疫过,可用常规5倍羽份小鹅瘟活苗进行第二次免疫,免疫期可达5个月之久。如仔鹅群没免疫过,按常规量免疫,免疫期仅为100天。种鹅群在产蛋前用种鹅用活疫苗1羽份皮下或肌内注射,另一侧肌内注射小鹅瘟油乳剂灭活苗1羽份,免疫后15天至5个月内孵化的雏鹅均具有较高的保护率。

2.产蛋中期免疫

鹅副黏病毒病灭活苗、鹅禽流感灭活苗免疫:在3个月后再进行1次油乳剂灭活苗免疫,每羽肌内注射1毫升。

小鹅瘟免疫:鹅群仅在产蛋前用小鹅瘟种鹅活苗免疫1次,在第一次免疫后100天后用2～5羽份剂量免疫,使雏鹅群有较高的保护率,免疫期可延长3个月之久。

（四）商品鹅

小鹅瘟疫苗免疫按雏鹅群免疫方法进行,鹅副黏病毒病和鹅禽流感灭活苗免疫按雏鹅群和仔鹅群免疫方法进行。鹅出血性坏死性肝炎和鹅浆膜炎免疫按雏鹅群免疫方法进行。

下列鹅的免疫程序可供参考。

1日龄:抗小鹅瘟病毒血清0.5毫升皮下注射或胸肌注射(在确保母源抗体有效时可免除注射,并改用雏鹅用小鹅瘟疫苗皮下注射0.1毫升,同时免除7日龄注射)。

7日龄:雏鹅用小鹅瘟疫苗皮下或胸肌注射0.1毫升(约7日以后产生抗体)。

14日龄:鹅疫-鹅副黏二联油乳剂灭活苗(扬州),胸肌注射0.3~0.5毫升。

30日龄:禽霍乱蜂胶苗(山东滨州)胸肌注射1毫升(对非疫区可以推迟到60日龄注射)。

90日龄:鹅疫-鹅副黏二联油乳剂灭活苗(扬州),胸肌注射0.5毫升。

160日龄(或开产前4周):种鹅用小鹅瘟疫苗,肌内注射1毫升。

170日龄(或开产前3周):鹅疫-鹅副黏二联油乳剂灭活苗,胸肌注射1毫升。

180日龄(或开产前2周):鹅卵黄性腹膜炎灭活苗,胸肌注射1毫升。

190日龄(或开产前1周):禽霍乱蜂胶苗(山东滨州),胸肌注射1毫升。

280日龄(或开产后90日):种鹅用小鹅瘟疫苗,肌内注射1毫升。

290日龄(或开产后100日):鹅疫-鹅副黏二联油乳剂灭活苗,胸肌注射1毫升。

300日龄(或开产后110日):鹅卵黄性腹膜炎灭活苗,胸肌注射1毫升。

310日龄(或开产后120日):禽霍乱蜂胶苗(山东滨州),胸肌注射1毫升。

蛋用种鹅的下一个产蛋季节免疫:按160日龄以后的程序重复进行。

五 紧急预防

1.雏鹅群

小鹅瘟紧急预防。每只雏鹅皮下注射高效价0.5~0.8毫升抗血清,在血清中可适当加入广谱抗生素。

鹅副黏病毒病、鹅禽流感紧急预防。当周围鹅群发生鹅副黏病毒病或鹅流感疫病时,健康鹅群除采取消毒、隔离、封锁等措施外,对鹅群应立即用Ⅱ号剂型灭活苗皮下或肌内注射0.5毫升。

2.其他鹅群

鹅副黏病毒病、鹅禽流感紧急预防:当周围鹅群发生鹅副黏病毒病或鹅禽流感疫病时,健康鹅群除采取消毒、隔离、封锁等措施外,对鹅群应立即注射相应疫病的Ⅱ号剂型灭活苗,而不用Ⅰ号剂型灭活苗。因为Ⅰ号剂型灭活苗免疫后15天左右才能产生较强免疫力,而Ⅱ号剂型灭活苗免疫后5~7天即可产生较强免疫力,有利于提早防止鹅群被感染。每只鹅皮下或肌内注射0.5~1毫升。在用Ⅱ号剂型灭活苗免疫后1个月,再用Ⅰ号剂型灭活苗免疫,每只鹅肌内注射1毫升。

▶ 第四节　鹅群疾病防控技术

一 禽流感

禽流感是由A型流感病毒引起的一种禽类感染综合征。该病于

1878年首次发生于意大利,病原为H5N1亚型高致病性禽流感病毒。目前,该病在世界各个养禽的国家和地区都很常见。

1.主要采取综合性的预防措施

(1)加强饲养管理。做好卫生消毒工作,实行全进全出的饲养管理制度,控制人员及外来车辆的出入,实行严格的卫生和消毒制度;避免鹅群与野鸟接触,防止水源和饲料被污染;不从疫区引进鹅和种蛋;做好灭蝇、灭鼠工作,鹅舍周围的环境、地面等要严格消毒,饲养管理人员、技术人员消毒后才能进入禽舍。

(2)加强工作。加强对禽类饲养、运输、交易等活动的监督检查,买卖、屠宰、加工、运输、储藏、销售等环节的监督严格产地检疫、屠宰检疫,禁止经营和运输病禽及其产品。

(3)做好废物处理。养禽场的粪便、污物应进行堆积发酵。

(4)免疫。防疫苗免疫是控制禽流感的措施之一。目前使用的禽流感疫苗主要有H9N2、H7N9和H5(Re-6、Re-8)灭活苗,疫苗接种后2周就能产生免疫保护力,能够抵抗该血清型的流感病毒,免疫保护力能维持10周以上。推荐免疫程序如下。

种鹅、蛋鹅:首免15～20日龄,每只鹅注射禽流感H9N2、H7N9和H5灭活苗各0.3毫升;二免45～50日龄,每只鹅注射禽流感H9N2、H7N9和H5灭活苗各0.5毫升;开产前2～3周,每只鹅注射禽流感H9N2、H7N9和H5灭活苗各1毫升;开产后每隔2～3个月免疫一次。

商品肉鹅:7～8日龄,每只鹅颈部皮下注射禽流感H9N2和H5灭活苗各0.5毫升。

2.治疗

(1)高致病性禽流感。一旦发现可疑病例,应及时向当地兽医主管部门上报疫情,同时对病鹅进行隔离。一旦确诊,立即在有关部门的指导下划定疫点、疫区和受威胁区,严格封锁。扑杀疫点内所有受到感染

的禽类,扑杀的和死亡的禽只以及相关产品必须做无害化处理。受威胁地区,尤其是3~5千米范围内的家禽实施紧急免疫。同时要对疫点、疫区、受威胁地区彻底消毒,消毒后21天,如受威胁地区的禽类不再出现新病例,可解除封锁。

(2)低致病性禽流感。在严密隔离的条件下,进行对症治疗,减少损失。对症治疗可采用以下方法:

①抗病毒中药,用板蓝根、大青叶粉碎后拌料;也可用金丝桃素或黄芪多糖饮水,连用4~5天。

②添加适当的抗菌药物,防止大肠杆菌或支原体等继发感染,如可添加环丙沙星等。

二 水禽副黏病毒病

水禽副黏病毒病是由禽副黏病毒(即新城疫病毒)引起的一种水禽急性病毒性传染病,不同日龄、不同品种的水禽均易感,发病率和死亡率高。

1.预防

(1)实行严格的生物安全措施。科学选址,建立、健全卫生防疫制度及饲养管理制度。

(2)免疫接种。使用副黏病毒油乳剂灭活苗,对鹅群进行免疫。

①种鹅的免疫。产蛋前2周,每只皮下注射或肌内注射油乳剂灭活苗0.5~1毫升,抗体可维持半年左右。

②雏鹅的免疫。种鹅如未免疫副黏病毒油乳剂灭活苗,其后代应在7日龄进行免疫接种,每只皮下注射或肌内注射油乳剂灭活苗0.3~0.5毫升,接种后10天内隔离饲养。种鹅免疫过油乳剂灭活苗,其后代体内有母源抗体,可在15~20日龄进行免疫,每只皮下注射或肌内注射油乳剂灭活苗0.3~0.5毫升。首免后2个月进行二次免疫。

2.治疗

鹅群发病后可进行紧急接种鹅副黏病毒油乳剂灭活苗,注射疫苗6~10天后,患病鹅群停止死亡,患病种鹅在注射疫苗后第10天就可恢复产蛋。

三 禽呼肠孤病毒病

禽呼肠孤病毒病是由呼肠孤病毒引起的具有多种疾病类型的疾病。雏鹅感染后可引起出血性、坏死性肝炎。

1.预防

一是采取严格的生物安全措施,加强环境的卫生消毒工作,减少污染。

二是种鹅可在开产前15天左右进行油乳剂灭活苗的免疫,既可以消除垂直传播,又可以使其后代获得较高水平的母源抗体,防止发生早期感染。若种鹅没有免疫,其后代可在10日龄左右免疫灭活疫苗。

2.治疗

对发病的鹅采用高免血清或卵黄抗体进行治疗。同时配合使用抗生素以防止继发感染。

四 小鹅瘟

小鹅瘟又称鹅细小病毒病,是由鹅细小病毒引起雏鹅的一种急性或亚急性传染病。目前该病已遍布于世界上许多养鹅的国家和地区。该病传播快、发病率高、死亡率高,对养鹅业的发展造成了巨大的危害。

1.预防

(1)加强饲养管理。做好卫生消毒工作。小鹅瘟主要是通过孵化室进行传播的,孵化室中的一切用具、设备在每次使用后必须清洗消毒。不从疫区购进种蛋及种苗。新购进的雏鹅应隔离饲养20天以上,确认无

小鹅瘟发生时,才能与其他雏鹅合群。

（2）免疫。预防种鹅在开产前1个月用小鹅瘟鸭胚化弱毒疫苗进行第一次接种,2头份/只,采用肌内注射;15天后进行第二次接种,2~4头份/只。若种鹅未进行免疫,可对2~5日龄的雏鹅注射小鹅瘟高免血清或小鹅瘟高免卵黄液,每只皮下注射0.5~1毫升,该方法也有很好的保护效果。

2.治疗

鹅发病后,及早注射小鹅瘟高免血清能制止80%~90%已感染病毒的雏鹅发病。处于潜伏期的雏鹅每只注射0.5毫升;出现初期症状的注射2~3毫升;10日龄以上者可适当增加。

五 大肠杆菌病

大肠杆菌病是由某些具有致病性血清型的大肠杆菌引起的不同类型病变的疾病的总称,其特征性病变主要表现为心包炎、肝周炎、气囊炎、腹膜炎、输卵管炎、脐炎等。该病常与禽流感等并发或继发感染,对水禽养殖业造成极大的危害。

1.预防

大肠杆菌是一种条件致病菌,预防该病的关键在于加强饲养管理,改善饲养条件,减少各种应激因素。

2.治疗

感染该病后,可以用药物进行治疗。但大肠杆菌易产生耐药性,因此,在投放治疗药物前应进行药物敏感试验,选择高敏药物进行治疗。此外,还应注意交替用药,给药时间要早,以控制早期感染和预防大群感染。安普霉素、新霉素、黏杆菌素、氧氟沙星、头孢类药物等有较好的治疗效果,可用0.01%的环丙沙星饮水,连用3~5天。

六 鹅沙门菌病

鹅沙门菌病又称为鹅副伤寒,是由多种沙门菌引起的疾病的总称。该病对鹅的危害较大,呈急性或亚急性经过,表现出腹泻、结膜炎、消瘦等症状。成年水禽多呈慢性或隐性感染。

1.预防

(1)种蛋应随时收集。蛋壳表面附有污染物(如粪便等)时不能用作种蛋,收集种蛋时,人员和器具应消毒。保存时,蛋与蛋之间保留空隙,防止接触性污染。种蛋储存温度以10~15℃为宜,储存不宜超过7天。还需重视孵化室和孵化器卫生管理。

(2)防止在育雏期发病。进入鹅舍的人员需穿着消毒处理的衣物,严防其他动物的侵入。料槽、水槽、饲料和饮水等应防止被粪便污染,每隔3天进行带鹅消毒一次。

(3)消毒。定期对鹅舍垫料、粪便、器具和泄殖腔等进行监测,同时应该定期对大群进行消毒。

2.治疗

发病时可用0.01%的环丙沙星饮水,连用3~5天;或氟甲砜霉素按0.01%~0.02%拌料使用,连用4~5天。此外,新霉素、安普霉素等拌料饮水使用也有良好的治疗效果。

七 葡萄球菌病

葡萄球菌病是由金黄色葡萄球菌引起的一种急性或慢性传染病。雏鹅感染发病后呈败血症经过,常表现出化脓性关节炎、皮炎、滑膜炎等特征性症状,发病率高,死亡严重。青年和成年水禽感染后多表现出关节炎。

1. 预防

(1)加强饲养管理。饲料中要保证合适的营养物质,特别是要提供充足的维生素和矿物质等。保持良好的通风和湿度与合理的养殖密度,避免拥挤。及时清除禽舍和运动场中的尖锐物,避免外伤造成葡萄球菌感染。

(2)注意严格消毒。做好鹅舍、运动场、器具和饲养环境的清洁、卫生和消毒工作,以减少和消除传染源,降低感染风险,可采用0.03%过氧乙酸定期带鹅消毒,加强孵化人员和设备的消毒工作,保证种蛋清洁,减少污染,做好育雏保温工作,疫苗免疫接种时做好针头的消毒。

(3)加强对发病群体的管理。一旦发生葡萄球菌病,要立即对鹅舍、器具、运动场等进行严格的消毒,以杀灭环境中的病原,同时将病鹅隔离饲养,及时对病死鹅进行无害化处理。

2. 治疗

头孢噻呋按15毫克/千克体重注射,每天1次,连用3天;也可用复方泰乐菌素按2毫克/升饮水,连用3~5天,有较好的治疗效果。

八 禽霍乱

禽霍乱,又称禽出血性败血病或禽巴氏杆菌病,是鹅的一种急性败血性传染病。该病的特征是急性败血症,排黄绿色稀便,发病率和死亡率都很高,浆膜和黏膜上有小出血点,肝脏上布满灰黄色点状坏死灶。禽霍乱是严重危害养鹅业的传染病之一。

1. 预防

由于该病多呈散发或地区性流行。因此,在一些该病常发地区或发生过该病的养殖场,应定期进行免疫预防接种。

(1)油乳佐剂灭活苗。用于2月龄及以上鹅群,按照1毫升/羽皮下注射,能获得良好的免疫效果,保护期为6个月。

(2)禽霍乱氢氧化铝甲醛灭活苗。2月龄以上的鹅群按照2毫升/羽肌内注射，10天加强免疫一次，免疫期为3个月。

(3)弱毒疫。通过不同途径对一些流行菌株进行致弱获得疫苗株，优点是免疫原性好，血清型之间交叉保护力较好，最佳免疫途径为气雾或饮水。

2.治疗

青霉素、链霉素各2万单位/千克体重肌内注射，每天2次，连用3~4天，效果较好；或按照15毫克/千克体重肌内注射，连用3天；用0.01%的环丙沙星饮水，连用3~5天。

九 传染性浆膜炎

传染性浆膜炎又称鸭疫里默氏菌感染或鸭疫里默氏菌病，是由鸭疫里默氏菌引起的仔鹅急性或慢性传染病。近几年，随着我国水禽养殖集约化、规模化的发展，该病在我国水禽养殖地区日趋严重。该病主要侵害2~7周龄的仔鹅，特征性病变为纤维素性心包炎、肝周炎、气囊炎、关节炎，以及输卵管炎等。

1.预防

(1)加强饲养管理。采取"全进全出"的饲养管理制度。由于该病的发生、流行与环境卫生条件和天气变化有密切的关系，因此，改善饲养管理条件和禽舍及运动场环境卫生是最重要的预防措施。清除地面的尖锐物和铁丝等，防止鹅的脚部受到损伤；育雏间保证良好的温度、通风条件；定期清洗料、饮水器等，定期消毒。

(2)疫苗接种。疫苗接种是预防该病的有效措施，目前常用的传染性浆膜炎疫苗主要有油乳剂灭活苗、蜂胶灭活苗、铝胶灭活苗，以及鸭疫里默氏菌-大肠杆菌二联苗和组织灭活苗等。多于4~7日龄颈部皮下注射鸭疫里氏杆菌-大肠杆菌油乳剂灭活二联苗；蛋鹅于10日龄左右按照

0.2～0.5毫升/羽肌内注射或皮下注射灭活疫苗,2周后按照0.5～1毫升/羽进行二免;父母代种鹅可于产蛋前进行二免,并于二免后5～6个月进行第三次免疫,以提高子代仔鹅的母源抗体水平。

2.治疗

饲料中添加0.01%的环丙沙星,连用3天,效果较好;用硫酸新霉素按照0.01%～0.02%饮水,连用3天,用药前禁水1小时。此外,头孢类药物均具有良好的治疗效果。

（十）坏死性肠炎

坏死性肠炎是鹅的一种消化道疾病。该病的特征性症状为体质衰弱、食欲降低、突然死亡,病变特征为肠黏膜坏死(故又被称为烂肠病)。该病在种鹅场中发生极为普遍,对养鹅业影响较大。

1.预防

由于产气荚膜梭菌为条件性致病菌,因此,预防该病的主要措施是加强饲养管理,改善鹅舍卫生条件,严格消毒,在多雨和湿热季节应适当增加消毒次数。发现病禽后应立即隔离饲养并进行治疗。适当调节日粮中蛋白质含量,避免使用劣质的骨粉、鱼粉等。此外,一些制剂和微生态制剂等有助于预防该病的发生。

2.治疗

多种抗生素如多黏菌素、新霉素、泰乐霉素、林可霉素、环丙沙星、恩诺沙星,及头孢类药物对该病均有良好的治疗效果和预防作用。

（十一）鹅渗出性败血症

鹅渗出性败血症又称流行性感冒、鹅肿头症和鹅红眼病,是鹅(尤其是雏鹅)的一种急性传染病。临床特征表现为头颈摇摆、呼吸困难、鼻腔流出大量分泌物。该病具有发病率高、死亡率高的特点,是严重危害养

鹅业的重要传染病之一。

1. 预防

加强对鹅群的饲养管理,保证合理的饲养密度,避免因密度过大而造成疫病发生。保持禽舍内良好的通风,禽舍及运动场的干燥和卫生清洁。雏鹅群要注意鹅舍的防寒保温措施,防止因气温变化而造成的鹅群机体抵抗力下降导致一些条件性病原菌的侵害而发病。饲料的配比要合理,垫料和饮水应保持清洁卫生。在一些发病地区,可在饲料和饮水中添加一定比例的抗生素预防该病。

2. 治疗

一旦发生该病,应迅速采取严格措施对患鹅进行隔离,对鹅舍和运动场进行紧急消毒。对于小型鹅群发生该病应及时采取扑灭等措施。

患鹅可采取以下多种方案进行治疗,按照2万~3万单位/羽青霉素肌内注射,每天2次,连用2~3天;用0.01%的环丙沙星饮水,连用3~4天。

十二 曲霉菌病

曲霉菌病是发生在多种禽类和哺乳动物身上的一种真菌性疾病,以呼吸困难以及肺和气囊形成小结节为主要特征。该病主要发生于雏禽,发病率高,发病后多呈急性经过,造成大批雏禽死亡,给养禽业造成较大的经济损失。

1. 预防

(1)加强饲养管理。搞好环境卫生,选用干净的谷壳、秸秆等作垫料;垫料要经常翻晒,阴雨天时注意更换垫料,防止霉菌的滋生。饲料要存放在干燥的仓库,避免无序堆放造成局部湿度过大而发霉。育雏室应注意通风换气和卫生消毒,保持室内干燥、整洁。育雏期间要保持合理的密度,做好防寒保温工作,避免昼夜温差过大。

(2)饲料中添加防霉剂。包括多种有机酸,如丙酸、醋酸山梨酸、苯甲酸等。我国长江流域和华南地区,在梅雨季节要特别注意垫料和饲料的霉变情况,一旦发现,立即处理。

2.治疗

制霉菌素等具有一定的治疗效果。用喷雾或制霉菌素拌料,雏鹅按照5 000 ~ 8 000单位/千克体重,成年鹅按照2万 ~ 4万单位/千克体重使用,每天2次,连用3 ~ 5天。也可用0.5%的硫酸铜溶液饮水,连用2 ~ 3天。或将5 ~ 10克碘化钾溶于1升水中,饮水,连用3 ~ 4天。

十三）念珠菌病

念珠菌病是指由白色念珠菌引起的一种消化道真菌病,禽念珠菌病又称为鹅口疮或霉菌性口炎。主要特征是上消化道(如口腔、咽、食管等)黏膜上有乳白色的伪膜或溃病。念珠菌多侵害雏禽,禽念珠菌病多发于鹅。

1.预防

首先要加强饲养管理,改善卫生条件。该病的发生和环境卫生有密切关系。因此,要确保鹅舍通风良好、环境干燥,控制合理的饲养密度。也要注意避免长期使用抗生素,以防止鹅的消化道菌群失调而造成二次感染。育雏期间应适当补充多种维生素。加强消毒,在饲料中适当添加制霉菌素或在饮水中添加硫酸铜。

2.治疗

一旦发生该病,可采用以下方案进行治疗。每千克饲料中添加0.22克制霉菌素拌料使用,连用5 ~ 7天。按照1克克霉唑用于100羽雏鹅拌料,连用5 ~ 7天。用1:2 000的硫酸铜饮水,连用5天。对于病情严重的病例,可轻轻剥去口腔伪膜,涂碘甘油。

参 考 文 献

[1] 常斌,王润莲,庞华琦,等.肉鹅营养需要研究进展[J].饲料工业,2008(13):26-28.

[2] 陈伟亮.雏鹅卵黄囊营养及0~3周龄适宜能量、蛋白质水平的研究[D].扬州:扬州大学,2003.

[3] 陈晓霞,杨连玉.日粮含水量对鹅营养物质利用的影响[J].饲料工业,2016,37(21):40-42.

[4] 程红娜.合浦鹅饲粮能量、粗蛋白质、钙和磷适宜水平的研究[D].南宁:广西大学,2005.

[5] 傅辰,魏彦武.浅析发展养鹅业的意义[J].中国畜禽种业.2013,9(12):13.

[6] 马东旭.鹅的生活习性以及育肥方法[J].畜牧兽医科技信息,2020,4(12):167.

[7] 闵育娜,侯水生,高玉鹏,等.0~4周龄肉仔鹅能量和蛋白质需要的研究[J].黑龙江畜牧兽医,2005(6):26-27.

[8] 闵育娜,侯水生,高玉鹏,等.5~8周龄肉鹅能量和蛋白质营养需要量研究[J].西北农林科技大学学报(自然科学版),2006(12):34-40.

[9] 牟晓玲,王宗伟,隋美霞,等.日粮营养素水平对东北肉鹅生长性能及血液生化指标的影响(29~56日龄)[J].核农学报,2009,23(5):898-903.

[10] 钱淑坤.鹅的生活习性及育肥方法[J].现代畜牧科技,2016,4(3):20.

[11] 施寿荣.5~10周龄扬州鹅能量和蛋白质需要量的研究[D].扬州:扬州大学,2007.

[12] 王宝维,于世浩,王雷,等.日粮中添加不同水平羊草对五龙鹅氮代谢的影响[J].甘肃农业大学学报,2007,42(1):20-24.

[13] 王宝维.鹅饲料营养价值评价和营养需要量的研究现状与展望[J].中国家

禽,2019,41(21):1-6.

[14] 王宝维.肉鹅营养与饲料高效利用技术研究[J].中国家禽,2017,39(14):1-6.

[15] 王健,赵万里,王志跃,等.肉用仔鹅营养需要研究进展[J].动物科学与动物医学,2001(5):45-47.

[16] 王阳铭,王琳,杨文清,等.肉用仔鹅集约化饲养条件下的能量和蛋白质需要[J].西南农业学报,1999(2):104-112.

[17] 王宗伟,牟晓玲,杨国伟,等.日粮营养素水平对东北肉鹅生长性能及血液生化指标的影响(1~28日龄)[J].核农学报,2009,23(5):891-897.

[18] 吴东,夏伦志,江卫军,等.不同能量蛋白水平日粮对皖西白鹅种鹅产蛋性能和孵化性能的影响[J].粮食与饲料工业,2018(1):46-52.

[19] 叶保国,刘圈炜,邢漫萍,等.不同蛋白质水平对5~10周龄海南鹅生长性能及屠宰指标的影响[J].养禽与禽病防治,2010(5):12-14.

[20] 张楚吾,邓远凡,林祯平,等.饲粮粗蛋白质水平对10~21日龄狮头鹅生产性能的影响[J].广东饲料,2011,20(7):18-21.

[21] 章双杰,朱春红,宋卫涛,等.扬州鹅能量、蛋白和粗纤维营养需要量研究[J].中国家禽,2018,40(15):26-30.

[22] 赵阿勇.朗德鹅对能量、蛋白质和钙营养需要的研究[D].武汉:华中农业大学,2004.

[23] 赵剑,吴立军,曹光辛,等.不同营养水平配合料对四季鹅仔鹅增重的影响[J].中国畜牧杂志,1991(1):41-42.

[24] 朱士仁.对发展中国特色现代养鹅业的战略思考[J].郑州牧业工程高等专科学校学报.2010,30(1):20-25.